高职高专物联网专业规划教材

物联网工程技术综合实训教程

华 驰 高 云 主 编

倪喜琴 王 辉 副主编

化学工业出版社

·北京·

本书采用任务驱动的项目化方式编写，突出工程实践性，以项目为导向，以基于物联网太阳能光伏组件监控应用系统的开发为主线设置多个工作任务，并将相关的知识点和技能由浅入深、由易到难融入到每个任务中；每一个项目都是一个完整的工作过程，内容包括了物联网系统的感知层、传输层及应用层，便于实施"理实一体化"教学，有利于培养学生的物联网应用系统的设计能力与开发能力。

　　本书分成四个学习情境，分别为物联网项目规划与实施、系统感知层设计、系统传输层设计和系统应用层设计，在每一学习情境中，项目描述具体，学习目标明确，技能训练任务层层递进。

　　本书可以作为高职高专物联网、电子信息、通信、计算机、自动化、传感网技术等相关专业的教材，还可以供从事物联网相关的工程技术人员参考。

图书在版编目（CIP）数据

物联网工程技术综合实训教程/华弛，高云主编 . —北京：
化学工业出版社，2015.11
高职高专物联网专业规划教材
ISBN 978-7-122-25256-2

Ⅰ.①物…　Ⅱ.①华…②高…　Ⅲ.①互联网络-应用-
高等职业教育-教材②智能技术-应用-高等职业教育-教材
Ⅳ.①TP393.4②TP18

中国版本图书馆 CIP 数据核字（2015）第 229346 号

责任编辑：王听讲　　　　　　　　　　　　　装帧设计：王晓宇
责任校对：宋　玮

出版发行：化学工业出版社（北京市东城区青年湖南街 13 号　邮政编码 100011）
印　　装：三河市万龙印装有限公司
787mm×1092mm　1/16　印张 10¾　字数 235 千字　2016 年 1 月北京第 1 版第 1 次印刷

购书咨询：010-64518888（传真：010-64519686）　售后服务：010-64518899
网　　址：http://www.cip.com.cn
凡购买本书，如有缺损质量问题，本社销售中心负责调换。

定　　价：29.00 元　　　　　　　　　　　　　　　　版权所有　违者必究

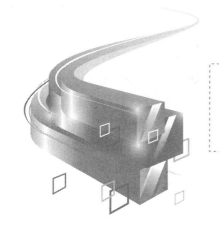

前　言

FOREWORD

目前，物联网技术的迅速发展，带动了传感器、电子通信等一系列技术产业的同步发展，为了满足物联网发展的需求，培养高素质的创新型物联网应用技术人才是当务之急。

物联网主要由感知层、网络层和应用层组成，其中感知层包括传感器、二维码、RFID（射频识别）、多媒体设备等数据采集和自组织网络系统；网络层包括各种网关和接入网络以及异构网融合、云计算等承载网支撑系统；应用层包括信息管理、业务分析管理、服务管理、目录管理等物联网业务中间件和物联网应用子集系统。

本书以物联网工程技术开发的工作过程为主线，紧紧围绕物联网工程技术人员，如物联网产品电子线路设计与测试员、智能网关和无线传感节点产品的研发与测试员、物联网应用软件设计与测试员等工作岗位的工作过程，将课程学习领域分成四大学习情境，分别为物联网项目规划与实施、系统感知层设计、系统传输层设计和系统应用层设计。本书编写遵循"基于工作过程系统化、项目引领、任务驱动"的原则，各学习情境再分解成若干学习任务，完整呈现了物联网系统的开发过程。

本书结构合理、重点突出，内容系统全面、突出应用。书中有图片、实物照片、表格，充实了新知识、新技术、新设备、新方法。本书的应用实例来自于实际开发项目，具有鲜明的实用性。本书力求使读者全面、正确地认识和了解物联网相关知识，提高分析、解决物联网工程技术实际问题的能力，并且有助于读者通过相关升学考试和职业资格证书考试。

我们将为使用本书的教师免费提供电子教案和教学资源，需要者可以到化学工业出版社教学资源网站 http: //www. cipedu. com. cn 免费下载使用。

本书可以作为高职高专物联网、电子信息、通信、计算机、自动化、传感网技术等相关专业的教材，还可以供从事物联网相关工程技术人员参考。

本书由华驰和高云主编，倪喜琴和王辉担任副主编。华驰编写学习情境一，高云、华驰合作编写学习情境二和学习情境三，倪喜琴、华驰编写学习情境四，董剑、蒿瑞芳和毕海峰参与编写工作。全书由华驰统稿。无锡英臻科技有限公司的工程师参与了应用案例的策划与审核。本书凝聚了各位老师与企业工程师的心血。

　　由于编者水平有限，书中难免存在疏漏和不足之处，恳请各位专家和广大读者批评指正。

编者

2015 年 10 月

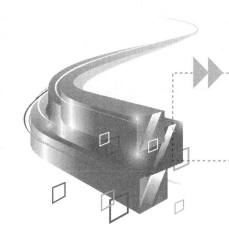

目 录

CONTENTS

Chapter 01

学习情境一

物联网项目规划与实施

【任务分析】

物联网作为国家重点发展的新兴产业，无论是在基础研究、产品开发、设备制造、系统集成领域，还是在行业应用领域都需要大量的人才。据研究数据显示，2013年中国物联网产业市场规模达到4896亿元，2015年，这一数字预计将攀升至7500亿元。

太阳能发电系统作为一种绿色能源，要求系统运行稳定、可靠、高效。针对当前太阳能光伏组件管理维护的相对薄弱现状，开发一种基于物联网的能够完成光伏组件准确定位功能的太阳能光伏组件监控系统尤为重要。

基于物联网的太阳能光伏组件监测系统的设计中，融合了自然能量的采集和存储技术、智能无线传感器技术、实时无线网络通信技术及Web和数据挖掘分析平台技术。实践证明，系统数据传输效果好、性能稳定可靠，能实时与监控中心进行通信，实现电压、电流、功率、累计能量等参数的采集及光伏组件实时监控等功能。

一、任务描述

太阳能电池板是一种可发电组件，在阳光下就能发电，是当今社会科技高度发展、高度文明条件下的产物，广泛应用于太阳能发电站、屋顶发电并网、道路路灯、交通灯、草坪灯、花园发电、家庭用电、移动电源等非常多的领域，拥有了太阳能电池板，将使生活变得更加环保、节能。

太阳能电池板的核心组件是太阳能光伏组件，太阳能光伏组件是将光能转换为电能的器件，可为各种用电设备提供电能的器件，环保节能、无污染、无限制地提供电能是其特点。

由于太阳能电池板的广泛使用，对太阳能光伏组件的监测、管理也成为了太阳能研究和使用人员关心的热点。太阳能光伏组件监测软件的开发目的就是为了更好地实现对太阳能光伏组件运行状态的监控和管理。

二、需求分析

我国太阳能产业目前太阳能的利用主要分为以下两个方面。

（1）利用光热效应，即把太阳光的辐射能转换为热能，太阳能热水器和太阳灶就是典型的例子。

我国太阳能热能利用产业发展较为成熟，已形成较完整的产业体系，太阳能光热产业的核心技术领先于世界水平，其自主知识产权率达到了95％以上。我国已经成为世界上太阳能集热器最大的生产和使用国。1000多家太阳能热水器生产企业，每年创造的总产值近120亿元。在高速发展的同时，由于许多地方政府对之寄予超高期望，太阳能热水器行业的竞争非常激烈，山东、江苏、北京是太阳能热水器主要生产基地。

我国的太阳能热利用产业，无论在规模、数量、市场成熟度方面，还是在核心技术、民族品牌方面，都领先于世界水平。

（2）利用光生伏特（PV）效应（简称光伏效应，也称为光生电动势效应），将太阳光的辐射能直接转变为电能，太阳电池就是具有这种性能的半导体器件。

由于太阳电池是利用光伏效应的原理来工作的，所以太阳电池又称光伏器件。太阳电池可以将太阳光的辐射能直接转变为电能，应用非常方便，所以受到全世界的重视。受国际大环境的影响和国际项目、政府项目的启动与市场的拉动，我国光伏发电方面进展明显，形成了我国的光伏发电产业。

发展新能源是未来的大势所趋，如何拔得头筹是各国争相考虑的重点。太阳能光伏发电系统是由一系列太阳能组件电池串并联而成的，在运行过程中，由于阴影、碎片、污垢、鸟粪、电池板老化、电池板尺寸不统一、云雾遮盖或其他因素，太阳能组件效率会有不同程度的下降，而单个组件效率下降或损坏会带来系统整体效率大幅下降。

目前，主要通过对太阳能发电系统中逆变器电流电压的监控来检查太阳能组件是否正常工作，通常只能监控到串级光伏组件，无法第一时间准确定位故障位置，只能感应到哪一组组件异常。大型光伏电站的组件阵列如有损坏，会给发电系统带来很大的损失，而人工检查耗时耗力，不能满足系统快速检修的要求。此外，太阳能发电系统往往安装于人烟稀少或者楼宇屋顶处，偷盗太阳能电池组件板的现象时有发生，会给用户带来巨大的损失。因此，智能化、网络化、实时化、精确化和动态化监控，已成为现代太阳能光伏组件管理系统发展的关键技术之一。

为了克服现有的太阳能光伏组件故障监测和定位困难以及防止盗窃现象，研究人员通过基于物联网的太阳能光伏组件监控系统的研究，完成了对光伏组件的电压、电流、功率、温度等状况的实时监测，可以迅速发现组件故障，提高系统效率；可以大幅度降低光伏系统的维护成本，提高光伏电站的安全性及产量稳定性。

为了达到上述目的，可以采用如下步骤：

步骤1：系统设计；

步骤2：硬件设计及实现；

步骤3：监测数据的无线传输；

步骤4：上位机软件设计及实现。

太阳能光伏组件监测解决方案是一个基于无线传感网的创新应用，该方案所设计的系统需满足如下功能。

① 监测直流电压：光伏电池电压；

② 监测直流电流：光伏电池电流；

③ 温度测量：环境温度、电池板面温度、控制房、内温度、蓄电池表面温度；

④ 串口通信和无线通信；

⑤ 人机界面：PC、平板电脑、智能手机；

⑥ 软件：实时显示、报警、流程图、数据库、打印；

⑦ 随光辐射和温度变化的光伏特性曲线的测量。

通过基于物联网技术的太阳能光伏组件监测系统的运行，提供光伏性能监控，故障检测和组件级、串级和系统级的故障排除。系统没有硬件布线要求，测量数据通过无线方式传输到控制中心，系统主要由监测传感模块（内置或外置）、网关设备和监控服务器组成。

任务一　了解物联网相关知识

1. 物联网的概念

物联网的概念是在 1999 年提出的。当时基于互联网、RFID 技术、EPC 标准，在计算机互联网的基础上，利用射频识别技术、无线数据通信技术等，构造了一个实现全球物品信息实时共享的实物互联网 "Internet of things"（简称物联网）。

物联网（The Internet of things）的定义：通过射频识别（RFID）、传感器、全球定位系统、二维码等信息感知设备，按约定的协议把它们连接起来，进行信息交换和通信，以实现智能化识别、定位、跟踪、监控和管理的一种网络。物联网把"时间、地点、主体、内容"这四者联系了起来，为人们的生产和生活提供便捷。

物联网通过感知、通信和智能信息处理，可实现对物理世界的智能化认知、管理与控制，已成为当今全球信息技术竞争的关键点和制高点，被世界公认为继计算机、互联网和移动通信网之后的新一轮技术革命浪潮。物联网产业被国家正式列为战略性新兴产业。

2. 物联网及产业构成

"物联网"是一个由感知层、网络层、应用层共同构成的庞大的社会信息系统，感知层通过智能卡、RFID（电子标签）、识别码、传感器等承担着信息采集的功能；网络层通过无线网、移动网、固网、互联网、广电网等承担信息的传输；应用层则完成信息的分析处理和控制与决策，以及实现或完成特定的智能化应用和服务任务，以实现物/物，人/物之间的识别与感知，发挥智能作用。物联网是一个涉及国民经济各行业、社会与生活各个领域的庞大产业链，主要包括围绕整个产业链的硬件、软件、系统集成和运营服务四大领域，由各类传感器、芯片、标签、读写设备、制造装备、通信设备、传输网络、终端产品、数据存储处理、中间件、应用软件、系统集成、信息安全与应用服务等产业组成。物联网的产业链庞大且复杂，并随着行业应用的发展将会创造出更多的技术和产品，为相关产业带来巨大商机。

3. 国内外物联网发展形势

当前，物联网已成为推动全球经济复苏和社会发展的新引擎。美国、欧盟、日本、韩国、新加坡都把物联网产业提升到国家发展的战略高度，积极开展物联网技术研究、标准制定，加快推动物联网基础设施建设，着力推进物联网产业发展。美国 IBM 公司提出以物联网为基础的"智慧地球"计划得到奥巴马政府积极回应，将物联网列为"2025 年前对美国利益潜在影响的关键技术"之一，其在物联网产业上的优势正在加强与扩大。欧盟是物联网技术推广应用的推动者，出台了《欧盟物联网行动计划》，提出了十四项物联网行动计划；2009 年 10 月，欧盟委员会以政策文件的形式对外发布了物联网战略，提出要让欧洲在基于互联网的智能基础设施发展上领先全球。日本在提出的"U-Japan"和"I-Japan"战略中，确定物联网是其发展重点，战略目标是实现无论何时、何地、何物、何人均可连接的"泛在网络"社会，实现以国民为中心的信息化社会。韩国、新加坡等国家也先后出台了一系列扶持物联网、泛在网络等方面的发展计划和战略规划，目的在于强化产业优势与国家竞争力，抢占物联网产业先机。

我国早在十多年前就开始了物联网相关领域的研究，在一些关键技术领域实现了突破，形成了一定产业规模，并在国际标准的制定工作中争得了一定话语权。国家工业与信息化部已将物联网规划纳入到"十二五"规划，正在积极研究推进，成立了由工信部、科技部等 11 个部委和相关组织机构组成的中国物联网标准联合工作组。上海、北京、深圳、成都、无锡等地相继出台物联网发展规划或行动方案，提出了物联网产业发展措施和目标。

任务二　熟悉典型物联网应用系统

一、我国部分省市的物联网示范工程与取得的成果

（一）无锡重点建设十二大物联网示范工程

根据《无锡市物联网产业发展规划纲要（2010～2015 年）》，无锡投资 60 亿元重点建设的 12 项物联网示范工程，包括：工业、农业、交通、环保、园区、电力、物流、水利、安保、家居、教育和医疗等领域。

"感知太湖，智慧水利"项目是无锡市物联网应用 12 个重点示范工程之一，由中科怡海高新技术发展江苏股份公司和中科院计算所共同承担太湖水环境治理物联网应用示范项目一期工程成果已经通过专家评审。

此外，无锡机场防入侵物联网一期工程、感知博览园一期工程、感知水利等 12 个应用示范项目已完成一期工程建设，感知环保、感知电网、感知交通等 27 个物联网应用示范项目正在抓紧建设。

作为国内首个基于物联网的智能交通项目——无锡惠山智能交通示范工程自 2009 年正式启动，数字摄像机、智能信号机、光纤线路、无线地磁传感器等一系列现代化信息传输设备，已陆续安装在惠山新城 36 平方公里内的主要路口和路段。

无锡市公安局与公安部第三研究所、公安部交通管理科研所、无锡物联网产业研究院、无锡移动等 8 家物联网产学研机构签署了战略合作协议，打造公共安全行业的物联网应用工程，将率先建成江苏首个公安物联网创新示范先导区。

（二）上海开建十大物联网应用示范工程

2010 年 4 月 26 日，上海市对外发布了《上海推进物联网产业发展行动方案（2010～2012 年）》，将在上海建设 10 个物联网应用示范工程。具体包括：环境检测、智能安防、智能交通、物流管理、楼宇节能管理、智能电网、医疗、农业、世博园区、应用示范区和产业基地。

2010 年 11 月 23 日，上海市经济信息化委员会结合"四个中心"建设，积极推进实施一批符合国家要求、在国内处于领先水平的物联网应用示范工程。

目前已启动的示范工程包括：虹桥交通枢纽中心大厦、上海移动长寿大厦、上海微系统所园区等楼宇建设节能管理工程，覆盖楼宇建筑面积 15 万平方米；在长宁区 7000 多个老式居民社区、弄堂等建设联网防盗门技防设施和信息监控平台，基本覆盖全区老式居民社区和弄堂；建设医疗废物收运管理系统，覆盖上海市 70 辆医疗废物专用收运车辆、2000 多家医疗卫生机构和上海市医疗废物集中处置场所。

（三）青岛实施 7 大领域物联网应用示范工程

物流物联网示范基地启动仪式在青岛华东百利酒庄举行，这标志着青岛市食品饮料行业首个物联网示范项目顺利建成。

根据《青岛市物联网应用和产业发展行动方案（2011～2015 年）》，青岛市将重点实施 7 大领域物联网应用示范工程，拉动产业快速发展。具体包括智能交通、数字家庭、食品安全、城市公共管理、现代物流、精准农业、生产制造 7 大领域。

二、物联网技术在现代农业中的应用

目前，我国农业正处于由传统向现代转变的关键时期，这个阶段必然要求以科学发展观统领农村工作，加快农业增长方式，节约使用自然资源和生产要素，优化农村经济结构，提高土地产出率、资源利用率、减少污染，实现农业可持续发展。

（一）精准农业

在精准农业技术体系中，农田信息采集系统和智能化农机系统都是物联网技术应用的重点，具体体现在空间数据获取、精准灌溉、变量技术和农田信息采集 4 个方面。

1. 空间数据获取

在作物管理和空间变量的研究中，一般包括数据采集系统、管理系统和农业机械的控制系统。这些系统能够管理现场的研究，获取土壤水分、张力、肥力、单位产量、叶面积指数、叶温、叶绿素含量、灌溉水质、本地微气候、虫草害分布情况及谷物产量等。其中的数据获取系统是该物联网应用系统的重点，通过无线网络的方式进行传输，给现场田间管理工作者提供现场数据获取、农业机械的维护与使用的便利。

2. 精准灌溉

2001 年，西班牙研发了一种分布式远程自动灌溉系统。他们在试验示范过程中将 $1500hm^2$ 的灌溉区，分成总共拥有 1850 个灌溉喷头的 7 个子灌区。每个子灌区被一个控制器监控和控制，7 个控制器相互之间可以通信，并以 WLAN 方式接受中央控制器的信号。通过掌握每个灌区的需水需求进行精准定量灌溉，结果表明能够减少 30%～

60％的灌水量。美国 USDA 研究小组有类似研究，采用物联网技术控制节水灌溉技术，可实现因时、因地、因作物用水，使水的消耗量达到最低程度，并获得尽可能高的产量。

3. 变量技术（变量施肥）

2003 年，美国开发出一种为作物自动施肥的装置。该装置包含 GPS 模块接口和实时无线传感器数据采集，并集成决策模块计算出最佳施肥处方，控制施肥工具的使用，各个模块之间的通信采用无线网络方式进行。无线传感器用于机械器具的状态监测与控制。采用该技术配合精准农业技术，可根据土地、作物、时间全面平衡施肥，不但提高化肥资源利用率，降低生产成本，提高作物产量，还取得了明显的经济效益和环境效益。

4. 农田信息采集系统

信息的实时采集、迅速传输及因时分析处理系统，主要解决精准农业中的"快"而"精"的问题。精准农业的实现首先在于认识农田农作物生长环境和生长情况的差异，这必须依赖于各种先进的传感器，如土壤容量、土壤坚实度、土壤含水量、土壤 pH 值、土壤肥力（N、P、K 含量）、大气温度、大气湿度、风速、太阳辐射、作物生长情况和作物产量等各种类型传感器。随着现代科技的发展，各种非接触式快速测量的传感器和智能化传感器，为精准农业提供了全新的技术支持。

如果在精准农业中将物联网技术与地球观测、导航技术相结合，构成天地一体化的监测系统，融合遥感遥测及原位传感等信息获取手段，可有力地全面提升和改善精准农业领域的信息获取能力，为空间研究、精准灌溉、变量施肥提供丰富、全面、准确、可靠的信息，基于物联网技术的精准农业设计拓扑图如图 1-2-1 所示。

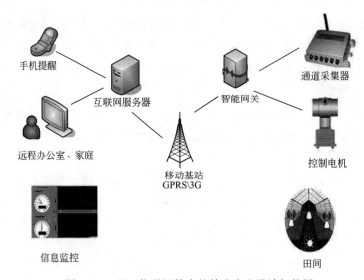

图 1-2-1　基于物联网技术的精准农业设计拓扑图

（二）观光农场

在观光农业方面，对于提醒和控制的即时性和可靠性方面的要求非常高。根据此特点可以通过以下方法来完成基于物联网技术的观光农场设计，如图 1-2-2 所示。

① 通过 3G 摄像头远程监测大棚内部农作物长势及设备；

② 使用无线传感器网络实时采集大棚内部温湿度和光照数据、土壤水分；

③ 通过 3G 无线网络远程控制大棚内部设备；

④ 使用无线通信，实时显示播报生态区动态的实时播报。

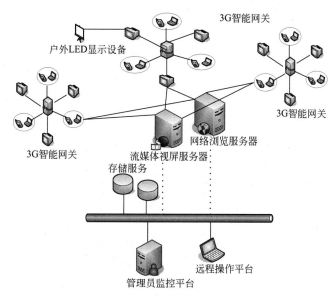

图 1-2-2　基于物联网技术的观光农场设计拓扑图

三、物联网技术在现代交通领域中的应用

（一）智能公交

在智能公交领域，利用车辆定位技术、地理信息系统技术、公交运营优化与评价技术、计算机网络技术、通信技术，通过无线网络实现公交车辆、电子站牌、公交人员与中心管理平台之间的数据信息传输，为公交公司提供集智能化调度、视频监控、信息发布、安全管理于一体的先进管理手段。主要实现如下四项功能。

1. 先进的公交运营调度功能

通过公交车载设备中的 GPS 功能模块实现定位信息的采集，通过无线通信模块将定位数据上传至中心管理平台；结合地理信息系统技术，对定位数据进行分析处理，实现对公交车辆的位置监控、线网规划、计划排班、线路调度、报表统计分析等运营调度功能。

2. 安全可靠的视频监控功能

通过公交车载监控设备，记录车辆运营过程中车内及路面状况。在需要时，可通过 3G 通信模块，将车载设备采集的音视频信息实时上传至中心管理平台，实现了对公交车辆的安全监控，为案件或事故发生后的调查取证提供了科学有效的手段，对营造安全的搭乘环境和维护正常的搭乘秩序，起到了积极的作用。同时加强了票款管理，防止了公交企业的收入流失。

3. 快速便捷的信息发布功能

通过公交车载设备中的无线通信模块，实现公交车辆、公交人员、场站、电子站牌与中心监控平台之间的文字短消息发送和接收功能、语音通话功能，满足对车辆和驾驶员的远程调度管理需要；满足公交车辆、场站、电子站牌等渠道营运信息发布及多媒体信息播放的需要。

4. 完备实用的系统管理功能

充分考虑系统的实用性，实现用户管理、设备管理、权限管理、认证管理等系统管理功能，使系统功能尽可能完善并得到充分利用。基于物联网技术的智能公交设计拓扑图如图 1-2-3 所示。

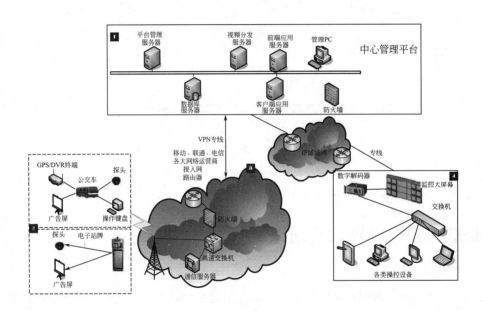

图 1-2-3　基于物联网技术的智能公交设计拓扑图

（二）智能停车场

停车场车辆监管是以停车场为主要信息采集场所，通过停车场前端采集系统获取车辆基础信息，利用 3G/2G 无线网络，将车辆信息数据包发送至公安交警部门监控管理中心平台，通过实时数据比对，完成包括车辆稽查、违法车辆甄别等一系列服务于公共治安的业务行为，为打造平安城市服务。同时，也为城市提升交通控制与管理水平提供科学的手段。基于物联网技术的智能停车场设计拓扑图如图 1-2-4 所示。

基于物联网技术的智能停车场设计拓扑图主要由以下四个部分组成：

① 停车场前端采集系统；

② 传输网络；

③ 中心管理平台；

④ 监控指挥中心。

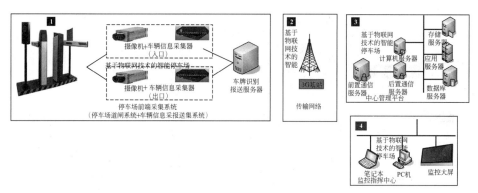

图 1-2-4　基于物联网技术的智能停车场设计拓扑图

四、物联网技术在其他领域中的应用

除了在上述现代农业、智能交通领域物联网技术有着广泛的应用，在其他如环保监测、平安城市、智能抄表、智能楼宇等领域物联网技术也都有着广泛的应用。

在环保监测领域，利用有线/无线网络实现前端各类现场污染源数据采集设备、监控设备、监控人员与监控中心平台之间的数据信息传输，同时利用数字视频技术、计算机多媒体技术、计算机网络技术、通信技术等，为用户提供集数据采集、视频监控、远程控制、统计分析于一体的先进的环保监测管理手段。基于物联网技术的环境监测设计拓扑图如图 1-2-5 所示。

在智能抄表领域，通过 VPDN 私网接入方式，以 L2TP 隧道加密方式，基于 WCDMA/GPRS 无线数据网络，进行电能量相关数据的传输应用。电力公司通过安放在与变压器相连的电能量采集终端，不需要爬杆就可以轻松实现电能量采集。基于物联网技

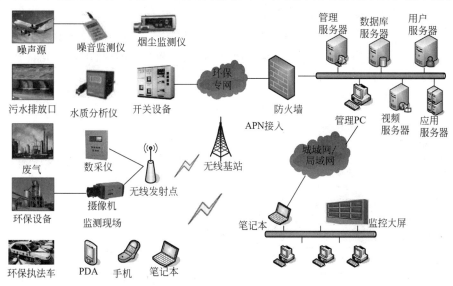

图 1-2-5　基于物联网技术的环保监测设计拓扑图

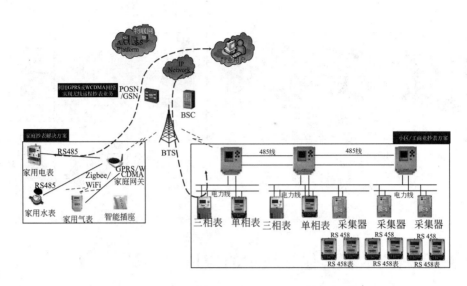

图 1-2-6　基于物联网技术的智能抄表设计拓扑图

术的智能抄表设计拓扑图如图 1-2-6 所示。

诸如物联网技术在平安城市、智能楼宇等其他领域的应用此处就不一一加以详细介绍。

任务三　认识基于物联网的太阳能光伏组件监控系统

一、基于物联网的太阳能光伏组件监控系统概述

基于物联网的太阳能光伏组件监控系统是在每个光伏组件上安装数据采集模块，基于数据采集模块中的无线传感器网络组成自组织网络；各数据采集模块的控制命令与采集的数据沿着其他传感器节点逐条地进行传输，并经过多条路由到汇聚节点——网关（中继接受传输器）；最后通过有线以太网或 WiFi、3G 等无线通信方式送达监控中心。系统模型如图 1-3-1 所示。

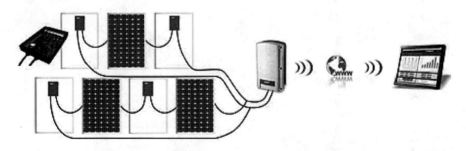

图 1-3-1　太阳能光伏组件监控系统模型

监控中心接收各中继传输器传输来的数据后进行分析处理，并通过显示系统显示太阳能发电组件（矩）阵中每块太阳能电池板的工作状态，从而起到对整个太阳能发电系统的管理监控、维修维护和安全防范的作用，保证系统的正常工作。用户通过远程管理系统对传感器网络中数据采集模块进行配置和管理，发布监测任务并分析、显示监测数据。

二、基于物联网的太阳能光伏组件监控系统的组成

从任务二典型物联网应用系统的学习中可以知道，物联网系统主要是由感知层、传输层、应用层三个层次组成，基于物联网的太阳能光伏组件监控系统主要也是由此三个部分组成。

系统感知层，也就是底层硬件上传的数据（包括每块电板的 5 路电压值、电板的及时电流值、电板的及时温度值、中继器与电板之间的连接状态等数据）。

系统传输层，也就是上位机根据底层硬件上传的数据进行计算的数据（包括根据发电量、电池板光效值计算；电压、温度是否处在设定的报警条件区间内以及根据光照度、发电量等数据计算是否有局部的阴影遮盖）。

系统应用层，也就是客户端管理门户软件，具有直观、易操作的特点，用户能够快速完成各类数据的统计及分析。

感知层、传输层、应用层三部分的具体设计及实现将在学习情境二～四中分别详细阐述。

三、基于物联网的太阳能光伏组件监控系统客户端管理功能

系统客户端管理门户软件的设计遵循界面友好、操作简便的原则，完成对系统采集数据的统计分析处理，可以基于各类终端并以友好的界面显示各类监测结果。

（一）用户注册及登录

系统本身充分考虑了安全性，除了严格的身份认证机制，权限控制机制，数据备份机制，系统还特制了与用户电脑绑定的客户端软件供用户选择使用，充分保证数据应用及操作过程的安全。

（1）打开浏览器，输入 SolarMAN 管理门户的网址：http：//www. solarmanpv. com/portal。

支持浏览器：IE 8＋，谷歌浏览器 10＋，火狐浏览器 9＋，Safari 4＋，系统分为中英文版，以下系统各项操作都基于中文版进行。

（2）用户登录注册页面如图 1-3-2 所示。

点击"立即注册"即可，如果没有出现登录界面，则检查输入的网址是否正确、服务器上软件是否启动。

（3）填写邮箱地址及密码，点击"下一步"。用户类型栏中，可根据自身情况选择，选择结果对电站数据无影响。

（4）填写图 1-3-4 中显示各类信息后，点击"完成注册"。

图 1-3-2　太阳能光伏组件监控系统登录注册页面

图 1-3-3　太阳能光伏组件监控系统用户注册页面（1）

填写如图 1-3-4 所示用户详细信息时请注意以下几点。

① 有红色标记的栏框为必填项目，填写时请务必确保信息准确。

② 选择公开电站信息后，平台上的其他用户可以通过公共电站页面查询到该网站，并以访客的身份浏览发电数据。

③ 采集器序列号是用户注册监测平台的凭证，此序列号将随本相应硬件产品附上，注册时请务必正确填写该项信息。

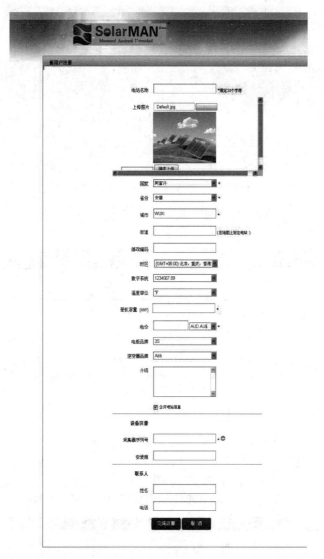

图 1-3-4 太阳能光伏组件监控系统用户注册页面（2）

小贴士：此处如无此序列号，则不能在正式商用平台上使用，本书所讲述实施系统是由企业实际项目转化而来的教学系统，与商用系统功能基本一致，但是数据库系统是基于 MySQL，而非商用平台的云计算服务。

（5）如果注册成功，会显示如图 1-3-5 所示界面。点击"确定"返回到管理门户首页。

（6）用户注册成功后，打开登录界面，输入邮箱和密码，即可进入光伏监控平台对电站进行监控和管理。

用户如果在注册成功后首次进入光伏监控系统，可查看实时状态界面，如图 1-3-6 所示。如果实时状态界面有数据显示，则说明数据采集器的网络设置和其他连接均成功。

小贴士：此处为商用平台系统管理界面，本教材所实现的客户端管理界面如图 1-3-7 所示，其功能是基本一致的。

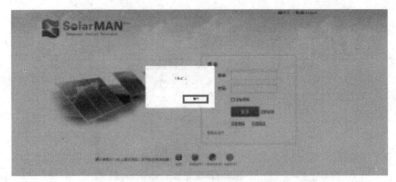

图 1-3-5　太阳能光伏组件监控系统用户注册成功提示页面

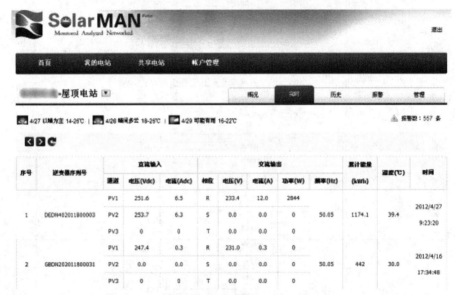

图 1-3-6　太阳能光伏组件监控系统实时状态界面

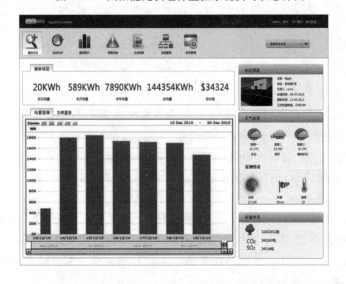

图 1-3-7　太阳能光伏组件监控系统实时状态界面

物联网工程技术综合实训教程

（二）功能模块介绍

太阳能光伏组件监控系统分为整体状况、实时状态、图表显示、报警信息、系统设置、用户管理 6 个功能模块。

系统功能结构图如图 1-3-8 所示。

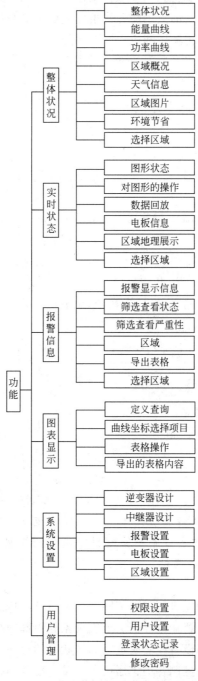

图 1-3-8　太阳能光伏组件监控系统功能结构图

【归纳总结】

通过本学习情境的学习，大家掌握了物联网的概念及相关知识，了解我国部分省市当前物联网的建设情况，了解物联网技术在现代农业、现代交通、环境监测等领域的应用情况，并且通过基于物联网的太阳能光伏组件监控系统的功能演示，大家知道了此系统的开发实现是由感知层、传输层和应用层三部分组成的。对于太阳能光伏组件监控系统的各项功能的设计及实现将在后面的学习情境详细阐述。

【练习与实训】

一、习题

（一）选择题

1. 云计算 Cloud Computing 的概念是由谁提出的？（　　）

A. GOOGLE　　　　B. 微软　　　　C. IBM　　　　D. 腾讯

2. RFID 属于物联网的哪个层？（　　）

A. 感知层　　　　B. 传输层　　　　C. 业务层　　　　D. 应用层

3. 太阳能光伏组件监控系统中的客户端管理门户软件属于物联网的哪个层？（　　）

A. 感知层　　　　B. 传输层　　　　C. 业务层　　　　D. 应用层

（二）简答题

1. 简述物联网的定义。

2. 简要概述物联网的框架结构。

3. 举例说明物联网的应用领域及前景。

二、实训

基于物联网的智能家居系统是以住宅为平台，家居电器及家电设备为主要控制对象，利用综合布线技术、网络通信技术、自动控制技术等将家居生活有关的设施进行高效集成，构建高效的住宅设施与家庭日常事务的控制管理系统，提升家居的智能性、安全性、便利性、舒适性，并实现环保节能的综合智能家居网络控制系统平台。

智能家居系统的主要功能有：根据不同的场景以及用户的不同需要，对家居设备进行状态查询及相应控制；在智能家居网关上实现家庭内部网络接入因特网或移动网，使用户可以远程控制家庭内部设备或实时进行家居状况的检测；开发人机交互界面，方便用户进行参数设定，配置与控制各类家居设备。基于物联网技术的智能家居设计拓扑图如图 1-3-9 所示。

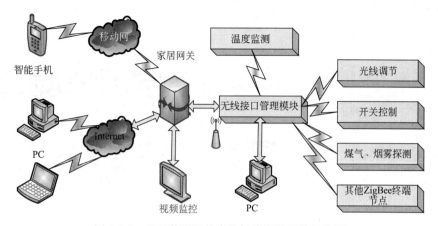

图 1-3-9　基于物联网技术的智能家居设计拓扑图

以基于物联网技术的智能家居系统为例，简述智能家居的组成，以及系统感知层、传输层、应用层的作用。

Chapter 02

学习情境二

系统感知层设计

【任务分析】

基于物联网的太阳能光伏组件监控系统，是在每个光伏组件上安装数据采集模块，在系统感知层部分主要完成数据的采集，获取光伏组件的电压电流、温度、防盗报警脉冲信号及掉电监测电压信号的数据采集。

一、任务描述

系统的数据采集主要基于太阳能光伏组件状态实时监测模块来完成，该模块采用外置式结构，由外壳、用于接收和发送数据的无线模块、微处理器、用于给系统提供电能的电源电路、用于测量电压的电压测量电路、用于测量温度的温度测量电路、用于电池片防盗的防盗报警电路、用于检测电池片是否工作的掉电检测电路组成。图 2-0-1 中 1和 2 表示太阳能电池片，3 和 4 表示接线盒，5 和 6 是本光伏组件状态实时监测模块。光伏组件状态实时监测模块 5、太阳能电池片 1 与接线盒 3 相连，光伏组件状态实时监测模块 6、太阳能电池片 2 与接线盒 4 相连，5 和 6 再进行串联。整个光伏组件阵列不一定只有 2 块电池组件，可以有任意数量的电池组件。

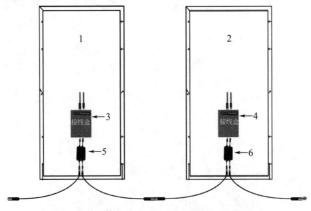

图 2-0-1　外置式实时监测模块示意图

本系统要求对上述电路进行硬件设计，并且对微控制器编程，实现数据的采集和上传。

二、需求分析

太阳能光伏组件监控系统的数据采集结构如图 2-0-2 所示，太阳能光伏组件状态实时监测模块与太阳能组件板后接线盒的输出端相连。电压电流测量电路把电池片的电流和电压的采样模拟信号送入计量芯片，转化为数字信号后发送给 CPU；温度检测电路把温度值转化为电压信号后发送给 CPU，CPU 通过内部 AD 把电压信号转化为数字信号。防盗报警电路把电池板的移动信号转化为脉冲信号发送给 CPU；掉电检测把电池板是否有正常工作转化为电压信号发送给 CPU，CPU 把各种信号通过无线收发电路发送给监控中心。

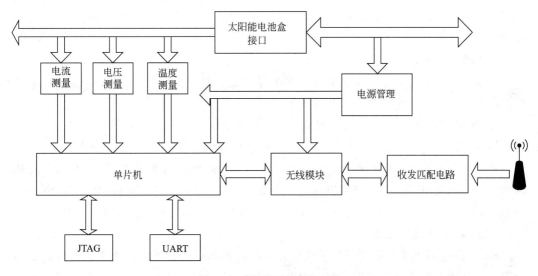

图 2-0-2　数据采集模块结构

任务一　系统数据采集模块硬件设计

一、微控制器介绍

本系统采用瑞萨公司的 R8C/2A 单片机，R8C/2A 群、R8C/2B 群是搭载 R8C/Tiny 系列 CPU 内核的单芯片微型计算机。R8C/Tiny 系列 CPU 内核既有高功能指令，又有高效率指令，并具有 1MB 的地址空间和高速执行指令的能力，并且，具有乘法器，所以可进行高速运算处理。另外，它不仅功耗小，而且可通过运行模式进行功率控制，并可通过噪声对策结构降低不需要的辐射噪声。

（一）R8C/Tiny 系列单片机的特点

作为瑞萨单片机的特色产品，R8C/Tiny 系列单片机具有如下特点。

1. 采用 16 位 CPU 内核

在当今的单片机应用领域，8 位单片机依然在中国市场上占据主导地位，但是随着网络时代的到来，例如，通信协议的控制和安全性的验证对运算的复杂性提出了更高的需求，而 8 位单片机的数据处理和运算能力显然不足以满足要求。

R8C/Tiny 系列单片机拥有 M16C 族单片机的高性能 16 位中央处理器内核，但为了减少引脚数，CPU 与外围功能电路间的总线宽度变为 8 位，而且内置了硬件乘法器，提高了 CPU 的处理能力。

2. 高效的指令系统和灵活的寻址方式

R8C/1A、1B 单片机采用了 R8C/Tiny 系列单片机的指令系统，包括 89 条指令和丰富的寻址方式。功能强大的指令系统使 MCU 能够高效地执行寄存器到寄存器、寄存器到存储器、存储器到存储器的操作，以及快速地进行算术/逻辑运算操作。R8C/2A、2B 单片机芯片中还集成了一个硬件乘法器，进一步提高了其运算速度和能力。

3. 内置 Flash 存储器

出于成本考虑，过去的单片机内置程序存储器以掩模 ROM 为主流；内置 Flash 程序存储器的单片机通常只为产品开发才进行少量生产。

与 Flash ROM 相比，掩模 ROM 的缺点是程序由工厂一次写入后无法修改，而且出货周期长达两三个月。而 Flash ROM 产品可随时修改片内程序。

近年来，随着 Flash 工艺的进步，使其成本大大降低。因此 R8C/Tiny 系列单片机的所有产品都采用内置的 Flash 存储器，并且支持在系统编程（In System Programming，ISP）及在应用编程（In Application Programming，IAP）的功能。

4. EMI/EMS 性能增强

R8C/Tiny 系列单片机在开发阶段就在芯片内部布线方面下了很大工夫，电源布线低阻抗化，所有的引脚都采用了保护电路和滤噪电路，提高了耐浪涌和耐闩锁效应的能力，抗干扰能力得到显著提高。引脚配置方面，在考虑抗干扰能力的同时，也充分考虑了电源引脚的安全性。

5. 安全设计

为防止由于外围电路的故障或程序跑飞而造成的系统瘫痪，R8C/1A、1B 单片机为用户提供了以下的安全保护措施。

（1）主时钟振荡停止检测功能　当主时钟振荡电路作为 CPU 的时钟源时，由于外部因素导致振荡电路停振，单片机内部会检测这一故障，并自动转由低速内部振荡器代替主时钟作为 CPU 的时钟源，同时产生相应中断并提示用户，用户可对系统进行及时的保护而不造成系统运行失控。

（2）看门狗定时器的计数源保护　看门狗定时器可以有效地检测出系统跑飞的情况，但以前内置看门狗电路的单片机大多采用与 CPU 时钟相同的时钟作为看门狗定时器的时钟源，一旦该时钟源停止，看门狗定时器也随之无法工作。R8C/2A、2B 单片机可使用低速内部振荡器时钟作为看门狗定时器的计数源，而与 CPU

时钟源分开，用以提高看门狗电路工作的可靠性，达到与单独外接看门狗芯片同样的效果。

6. 低价位开发工具

瑞萨公司在研究 CPU 和外围功能的同时，也不断进行开发环境的完善，在研究指令体系的同时，也进行能实现极高代码效率的 C 编译器的研发。对于调试器的开发，同样想尽各种办法，把调试器所必需的功能模块内置于芯片，但同时又争取能充分发挥单片机的全部性能。从低价格的 On-Chip 调试器等简易开发工具到高性能的全功能仿真器，能够满足不同应用开发需求。

另外，瑞萨公司全方位地为客户提供支持服务，包括在单片机的实际开发中所必要的信息和文档资料，如硬件手册、软件手册以及应用说明等。

（二）R8C/2A、2B 单片机结构框图

R8C/2A、2B 单片机的结构框图如图 2-1-1 所示。

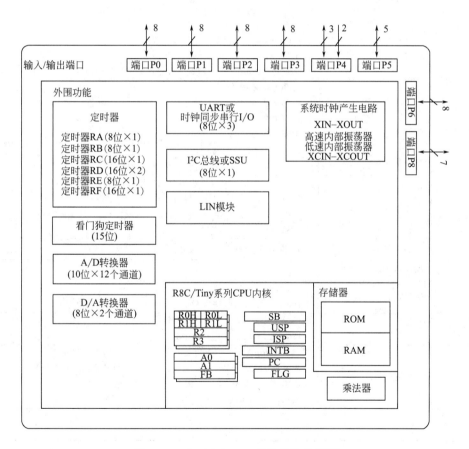

图 2-1-1　R8C/2A、2B 单片机结构框图

（三）R8C/2A、2B 单片机性能概要

R8C/2A、2B 单片机的性能概要如表 2-1-1 所示。

表 2-1-1 R8C/2A、2B 单片机的性能概要

项　目		性　能
CPU	基本指令数	89 条指令
	最短指令执行时间	50ns($f_{xin}=20MHz$、$V_{cc}=3.0\sim5.5V$) 100ns($f_{xin}=10MHz$、$V_{cc}=2.7\sim5.5V$)
	运行模式	单芯片
	地址空间	1MB
	存储器容量	ROM:4KB/8KB/12KB/16KB RAM:384B/512B/768B/1KB
外围功能	端口	输入/输出:13 个(含 4 个 LED 驱动端口) 输入:3 个
	时钟发生电路	主时钟振荡电路:内置反馈电阻 内部振荡器:高速和低速,其中高速内部振荡器带频率调整功能
	振荡停止检测功能	主时钟振荡停止检测功能
	低电压检测电路	内置
	上电复位电路	内置
	定时器	定时器 X:8 位(内置 8 位预分频器) 定时器 Z:8 位(内置 8 位预分频器) 定时器 C:16 位(具有输入捕捉电路和输出比较电路)
	中断	内部中断源:9 个 外部中断源:4 个 软件中断源:4 个 中断优先级:7 级
	看门狗定时器	15 位(内置预分频器) 可选择复位后自启动功能、计数源保护模式
	串行接口	UART0:可用作时钟同步串行接口或时钟异步串行接口 UART1:时钟异步串行接口 功能可选的时钟同步串行接口:I^2C 总线接口,带片选的时钟同步串行接口(SSU)
	A/D 转换器	10 位 A/D 转换器:4 个通道
Flash 存储器	编程和擦除电压	$V_{cc}=2.7\sim5.5V$
	编程和擦除次数	R8C/1A:100 次 R8C/1B:1000 次(块 0 和块 1),10000 次(块 A 和块 B)
电特性	电源电压	$V_{cc}=3.0\sim5.5V$($f_{xin}=20MHz$) $V_{cc}=2.7\sim5.5V$($f_{xin}=10MHz$)
电特性	工作电流	典型值 9mA($V_{cc}=5V$、$f_{xin}=20MHz$、A/D 转换器停止工作) 典型值 5mA($V_{cc}=3V$、$f_{xin}=10MHz$、A/D 转换器停止工作) 典型值 35μA($V_{cc}=3V$、等待模式、外围时钟停止) 典型值 0.7μA($V_{cc}=3V$、停止模式)
工作环境温度		$-20\sim85℃$ $-40\sim85℃$(D 版)

（四）引脚图

64 引脚的 R8C/2A、2B 单片机的引脚图（俯视图）如图 2-1-2 所示，各引脚功能如表 2-1-2 所示。

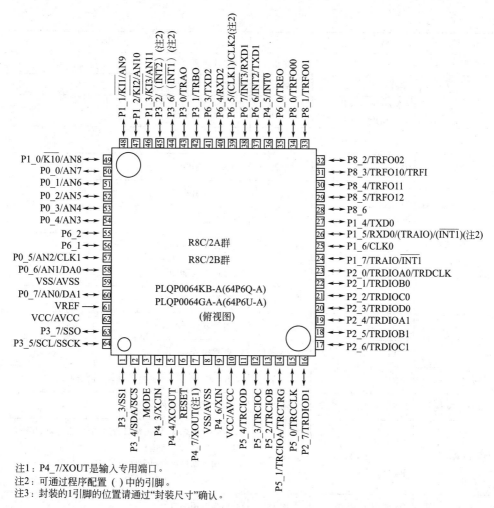

注1：P4_7/XOUT是输入专用端口。
注2：可通过程序配置（ ）中的引脚。
注3：封装的1引脚的位置请通过"封装尺寸"确认。

图 2-1-2　R8C/2A、2B 单片机的引脚图（俯视图）

表 2-1-2　R8C/2A、2B 单片机引脚功能说明

分　类	引　脚　名	输入/输出	功　　能
电源输入	Vcc、Vss	输入	$V_{cc} = 2.7 \sim 5.5\text{V}; V_{ss} = 0\text{V}$
模拟电源输入	AVcc、AVss	输入	A/D 转换器的电源输入
复位输入	$\overline{\text{RESET}}$	输入	如果该引脚接"L"电平,单片机就复位
MODE	MODE	输入	On-Chip 调试器调试用引脚,通过电阻连接到 Vcc
主时钟输入	XIN	输入	主时钟振荡电路的输入/输出引脚,在 XIN 和 XOUT
主时钟输出	XOUT	输出	之间连接陶瓷谐振器或晶体振荡器。当输入由外部生成的时钟时,将时钟从 XIN 输入,同时使 XOUT 开路
INT 中断输入	$\overline{\text{INT0}}$、$\overline{\text{INT1}}$、$\overline{\text{INT3}}$、	输入	$\overline{\text{INT}}$ 中断的输入
键输入中断输入	$\overline{\text{TI0}} \sim \overline{\text{K13}}$	输入	键输入中断的输入
定时器 X	CNTR0	输入/输出	定时器 X 的输入/输出
	$\overline{\text{CNTR0}}$	输出	定时器 X 的输出

分　　类	引　脚　名	输入/输出	功　　　　能
定时器 Z	TZOUT	输出	定时器 Z 的输出
定时器 C	TCIN	输入	定时器 C 的输入
	CMP0-0～CMP0-2 CMP1-0～CMP1-2	输出	定时器 C 的输出
串行接口	CLK0	输入/输出	传送时钟输入/输出
	RxD0、RxD1	输入	串行数据输入
	TxD0、TxD1	输出	串行数据输出
带片选的时钟 同步串行接口 （SSU）	SSI00、SSI01	输入/输出	数据输入/输出
	$\overline{SCS}$	输入/输出	片选输入/输出
	SSCK	输入/输出	时钟输入/输出
	SSO	输入/输出	数据输入/输出
I²C 总线接口	SCL	输入/输出	时钟输入/输出
	SDA	输入/输出	数据输入/输出
基准电压输入	VREF	输入	A/D 转换器的基准电压输入，连接到 Vcc
A/D 转换器	AN8～AN11	输入	A/D 转换器的模拟输入
输入/输出端口	P1-0～P1-7 P3-3～P3-5 P3-7 P4-5	输入/输出	• CMOS 输入/输出端口，通过方向寄存器，每个引脚可设定成输入或者输出端口 • 输入端口可通过程序选择有无上拉电阻 • 端口 P1-0～P1-3 可作为 LED 驱动端口使用
输入端口	P4-2、P4-6、P4-7	输入	输入专用端口

（五）全方位支持的开发工具

R8C/Tiny 单片机的开发工具，从廉价简易产品到高性能产品一应俱全。高性能的全功能仿真器（Full Emulator）不仅可以调试实时操作系统，实时跟踪的功能也非常齐全。低价位的简易开发工具（On-Chip 调试工具）除了不支持实时操作系统调试外，几乎具备全功能仿真器的其他所有调试功能。用户可以根据开发实际情况选择最合适的开发工具。R8C/Tiny 单片机的软件开发工具如表 2-1-3 所示，硬件开发工具如表 2-1-4 所示。

表 2-1-3　R8C/Tiny 单片机的软件开发工具

软件工具	产　品　名	备　　　注
C 编译器包	M3T-NC30WA	含 C 编译器、汇编编译器、软件仿真调试器、综合开发环境
综合开发环境	High-performance Embedded Workshop	

表 2-1-4　R8C/Tiny 单片机的硬件开发工具

硬 件 工 具		产 品 名	备 注
全功能仿真器	仿真器	PC7501	
	仿真头	R0E521000EPB	
小型仿真器	小型仿真器	R0E521000CPE00	
	仿真存储器适配板		
On-Chip 调试仿真器	E8 调试器	R0E000080KCE00	可作为闪存编程器使用
	FoUSB	M3A-0665	可作为闪存编程器使用
RU-Stick		—	可作为闪存编程器使用
Renesas Starter Kit for R8C/1B		R0K5211B4S000BE	附带有 E8 调试器
闪存编程器		M3A-0806	

二、数据采集硬件电路

（一）电压测量电路

电压测量电路如图 2-1-3 所示。太阳能电池板的电压通过电阻进行分压取样送入 U5（计量芯片 RN8205），太阳能电池板的电流通过锰铜片 CT1 进行取样后送入 U5（计量芯片 RN8205），微处理器 U4 通过 SPI 口读取 U4 的电压和电流的值，再通过 SPI 口发送到无线模块 U6，无线模块 U6 再把电压值、电流值送入监控中心，监控中心根据本块电池片的电压、电流和周围的电池片的电压、电流值来判断电池片是否正常工作。

（二）防盗检测电路

防盗检测电路是通过电阻 R10 和颠倒开关 S1 实现的，电池片平时是朝着一个方向静止不动的，一旦有人盗窃电池片，电池片的位置会发生变化，从而使颠倒开关 S1 导通，BJ 点输出低电平，送入微处理器，从而使微处理器知道有人盗窃电池片，微处理器再通过无线模块 U5，把盗窃信号送入监控中心，从而达到报警的目的。颠倒开关一端与地相连，另一端与电阻 R10 相连，电阻 R10 的另一端与 VCC 相连，电容 C17 与颠倒开关并联，如图 2-1-4（a）所示。

（三）温度检测电路

温度检测电路是通过热敏电阻 NTC 和电阻 R21 实现的，通过微处理器内部的 A/D 转换测量出 VT 点的电压值，再根据 VT 点的电压值，算出 NTC 的电阻值，再通过 NTC 的电阻与温度的表格，算出温度值。温度测量电路由热敏电阻 NTC、电阻 R21、电容 C44 组成。热敏电阻 NTC 一端与 VCC 相连，另一端与电阻 R21 的一端相连，电阻 R21 的另一端与地相连，电容 C44 与热敏电阻 NTC 并联，如图 2-1-4（b）所示。

（四）掉电检测电路

掉电检测电路把输入的电压经过电阻 R13 和电阻 R15 分压后，如果电压能使三极管 Q4 导通，则 PWRDN 输出低电平，表示外部太阳能输入正常，反之则说明外部太阳能电池片没有工作，是通过超级电容 C13 供电的。掉电检测由电路电阻 R13、电阻 R9、电阻 R15、电容 C16、电容 C12、三极管 Q4 组成，如图 2-1-4（c）所示。

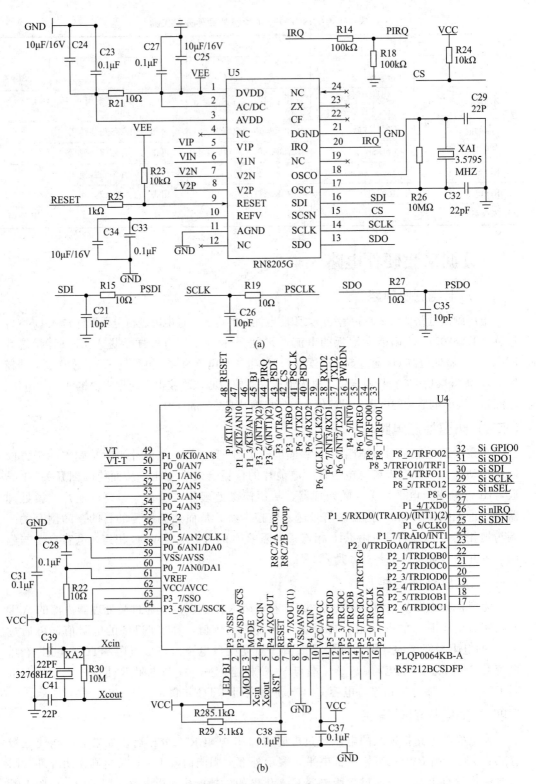

图 2-1-3　电压测量电路

物联网工程技术综合实训教程

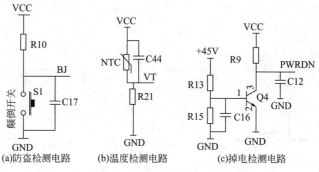

图 2-1-4　防盗检测、温度检测、掉电检测电路

（五）风速采样电路

风速信号经过 R3、R4 和 R5 电阻分压后，送入单片机进行检测。其中在 PCB 布线时，V2P 和 V2N 信号需按差分布线的方式进行布线，具体如图 2-1-5 所示。

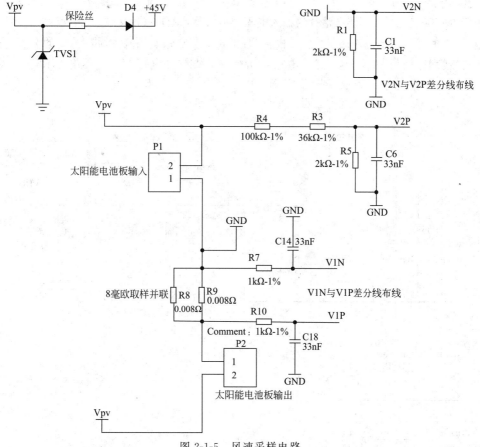

图 2-1-5　风速采样电路

（六）无线模块电路

无线模块由无线收发芯片 U6（SI4443）、晶振 XA3、切换开关 U7（UPG2214TK）、天线 P4 及外围的一些电容和电阻等组成，具体如图 2-1-6 所示。

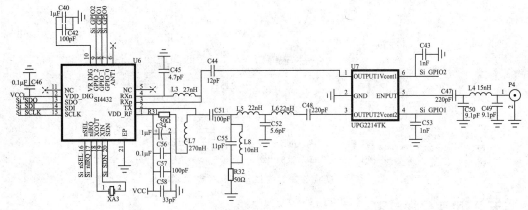

图 2-1-6　无线模块电路

（七）电源电路

电源电路由稳压芯片 TD1509、稳压芯片 XC6206P、二极管 D2、续流二极管 D3 及其外围电阻电容等组成。太阳能电池片的输入电压与稳压芯片 U1 的 1 脚和滤波电容 C7 连接，滤波电容 C7 的另一端与地连接，续流二极管 D3 的负端与电感 L1 和稳压芯片 U1 的 2 脚连接，续流二极管 D3 的另一端与地连接，电感 L1 的另一端与滤波电容 C5、分压电阻 R6、二极管

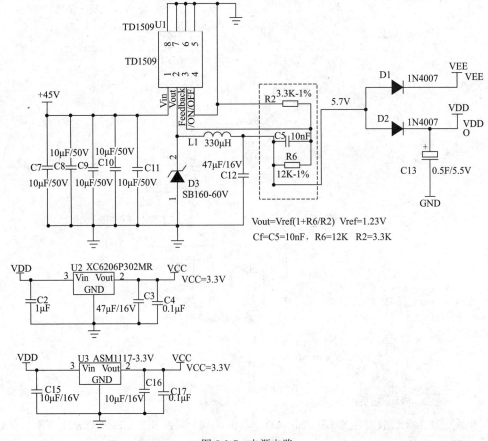

图 2-1-7　电源电路

D2 的正端连接，滤波电容 C8 的另一端与地连接，分压电阻 R6 的另一端与分压电阻 R2 和稳压芯片 U1 的 3 脚连接，滤波电容 C5 并联在电阻 R6 两端，分压电阻 R2 的另一端与地连接，稳压芯片 U1 的 4 脚、5 脚、6 脚、7 脚、8 脚与地连接，二极管 D2 的另一端与超级电容 C13 的正端、滤波电容 C2、稳压芯片 U2 的 3 脚连接，超级电容 C13 的另一端与地连接，滤波电容 C2 的另一端与地连接，稳压芯片 U2 的 2 脚给单片机系统和无线模块供电，稳压芯片 U2 的 1 脚与地连接。具体连接方式如图 2-1-7 所示。

任务二　系统数据采集模块软件设计

一、开发环境介绍

瑞萨单片机的软件开发环境需要 C 编译器包和综合开发环境 HEW（High-performance Embedded Workshop），两个安装文件都可在瑞萨官网上下载，本系统所用的开发环境下载地址为 http：//cn. renesas. com/products/tools/coding＿tools/c＿compilers＿assemblers/r8cm16c＿compiler/m16c＿r8c＿compiler＿pkg/downloads. jsp♯。

安装完成开发环境后，即可新建工程，步骤如下所示。

（1）双击 HEW 图标，启动软件，如图 2-2-1 所示。

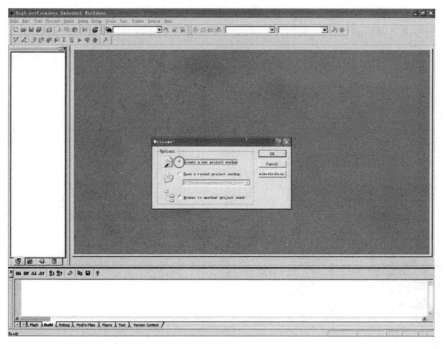

图 2-2-1　新建工程步骤（1）

选中"create a new project workshop"，点击"OK"，进入下一步。

（2）选择"Application"，填入工作空间名、工程项目名、工作空间的路径名选择"M16C"的 CPU，点击"确定"进入下一步，如图 2-2-2 所示。

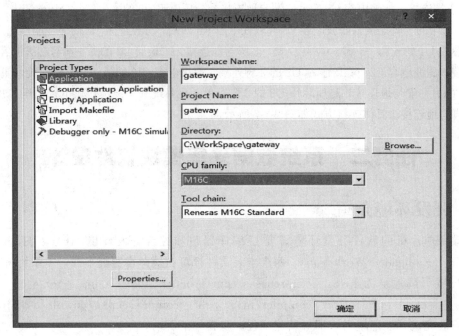

图 2-2-2　新建工程步骤（2）

（3）点击"确定"进入下一步，在 CPU Series 和 CPU Group 中选择相应的类型。本系统选择 R8C/Tiny 的 2B 系列，如图 2-2-3 所示。

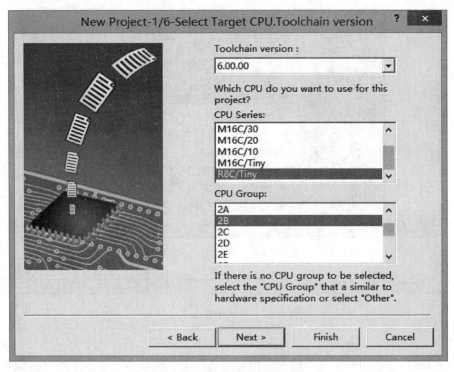

图 2-2-3　新建工程步骤（3）

　物联网工程技术综合实训教程

（4）点击"Next"进入下一步，在 Target type 中选择相应的 CPU Series，应该与上一步的 CPU Series 一致，如图 2-2-4 所示。

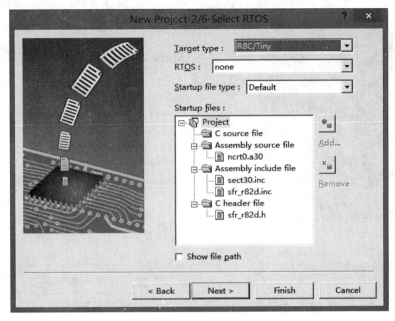

图 2-2-4　新建工程步骤（4）

（5）点击"Next"进入下一步，根据需要选择 ROM 大小，如图 2-2-5 所示。

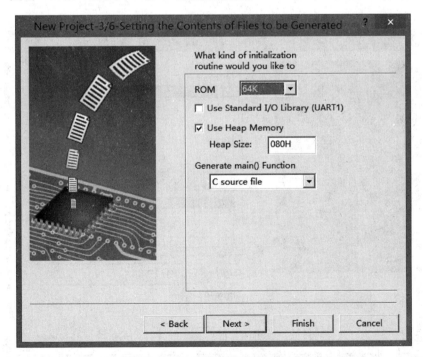

图 2-2-5　新建工程步骤（5）

（6）点击"Next"进入下一步，根据需要设置堆栈，如图 2-2-6 所示。

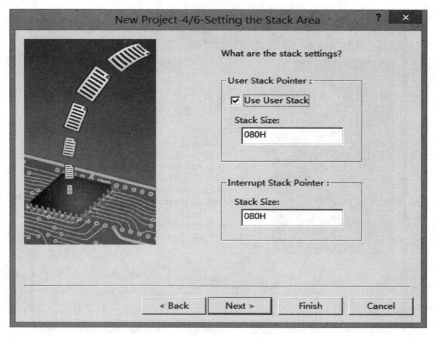

图 2-2-6　新建工程步骤（6）

（7）点击"Next"进入下一步，在 Targets 中选择"M16C R8C Simulator"，如图 2-2-7 所示。

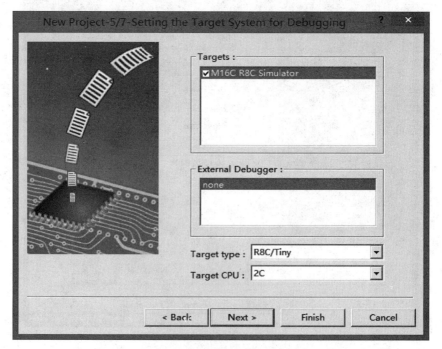

图 2-2-7　新建工程步骤（7）

（8）点击"Next"进入下一步，如图 2-2-8 所示。

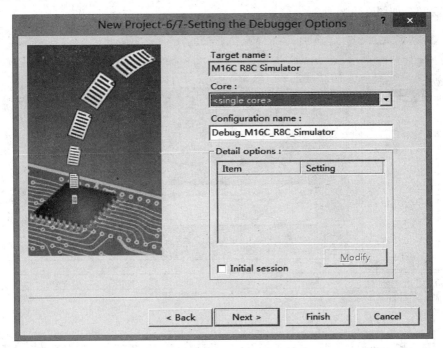

图 2-2-8　新建工程步骤（8）

（9）点击"Next"进入下一步，系统提示会有相应文件产生，如图 2-2-9 所示。

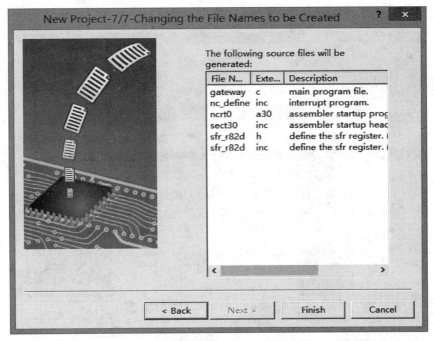

图 2-2-9　新建工程步骤（9）

（10）点击"Finish"完成工程的建立，进入下一步，选择"SessionR8C ＿ E8a ＿ SYSTEM"，如图 2-2-10 所示。

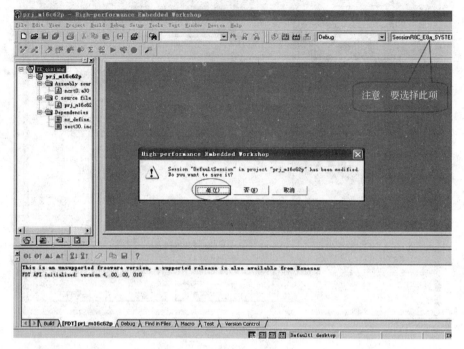

图 2-2-10　新建工程步骤（10）

（11）Emulator mode 设置，如图 2-2-11 所示。

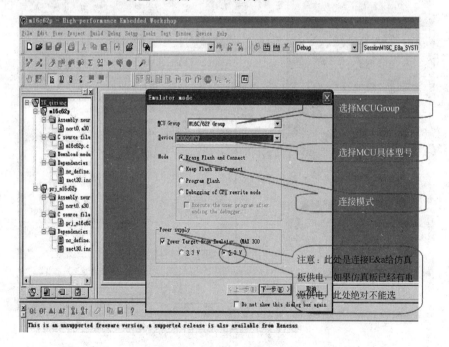

图 2-2-11　新建工程步骤（11）

（12）点击"下一步"，进入 Firmware Location 设置，如图 2-2-12 所示。

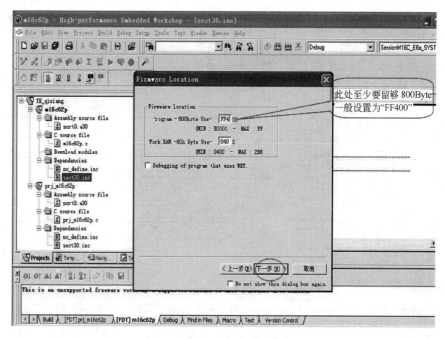

图 2-2-12　新建工程步骤（12）

（13）点击"下一步"，进入 MCU Setting，点击"完成"，HEW 会通过 E8a 将其自身与仿真板连接起来，如图 2-2-13 所示。

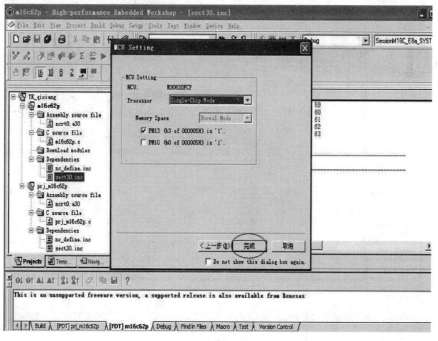

图 2-2-13　新建工程步骤（13）

（14）设置 debug/debug settings…/中的选项，如图 2-2-14 所示。

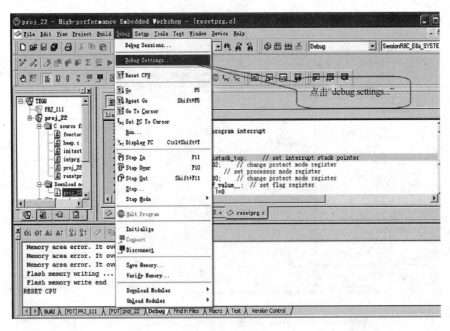

图 2-2-14　新建工程步骤（14）

（15）设置 debug/debug settings…/中的选项，点击"确定"，完成设置，如图 2-2-15所示。

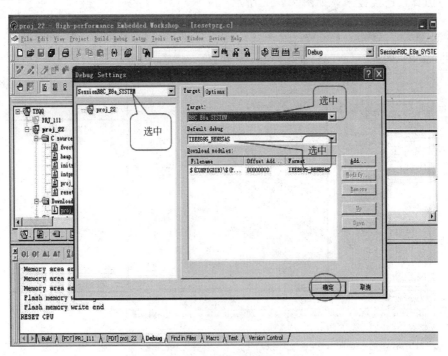

图 2-2-15　新建工程步骤（15）

（16）编辑程序、编译程序、仿真程序，如图 2-2-16 所示。

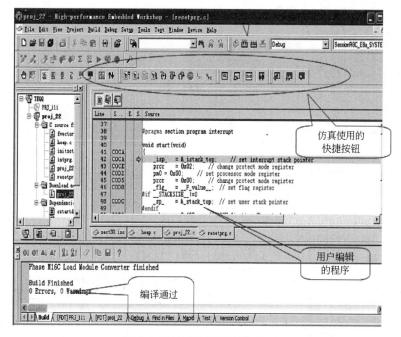

图 2-2-16　新建工程步骤（16）

二、软件设计

系统软件的实现主要包括单片机各种寄存器的底层配置、硬件数据的采集，以及和上位机之间的通信。下面主要介绍单片机底层配置和数据采集部分。

（一）底层寄存器配置

1. 时钟分配

本系统采用的是高速内部振荡时钟，振荡频率为 20MHz，时钟产生电路如图 2-2-17所示。根据图 2-2-17 所示的时钟连接原理图，通过 CMx、OCDx、FRAx 等相关寄存器进行配置，可以得到想要的时钟频率。

单片机各种外设所用的时钟功能分配如图 2-2-18 所示。

时钟分配源代码如下：

```
//---------------------------------------------------------------------
// 函数：void sfr_init(void)
// 描述：初始化 MCU、选择内部 20M 晶振
//---------------------------------------------------------------------
void sfr_init(void)
{
    asm("fclri");    //close interrupt

/* 启动看门狗计数保护模式有效* /
    cspro= 0;
```

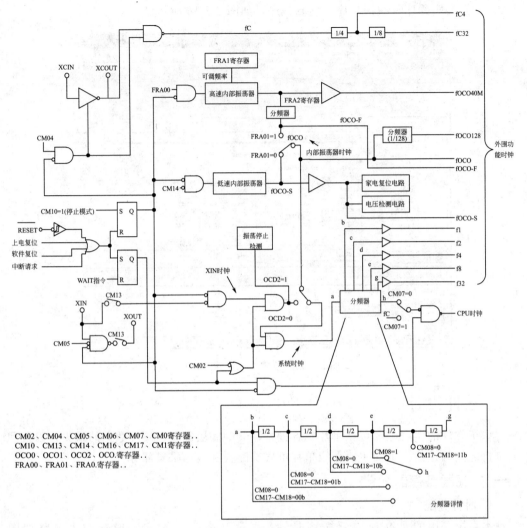

图 2-2-17 时钟产生电路

```
cspro= 1;
asm("nop");
asm("nop");
asm("nop");
asm("nop");
asm("nop");
asm("nop");

prc0= 1;        //解除与时钟相关的保护寄存器
cm14= 0;        //低速内部振荡器振荡
cm07= 0;        //系统时钟
fra2= 0x00;     //选择 2 分频模式   20mhz
fra00= 1;       //高速内部振荡器振荡
ocd2= 1;        //内部晶振
```

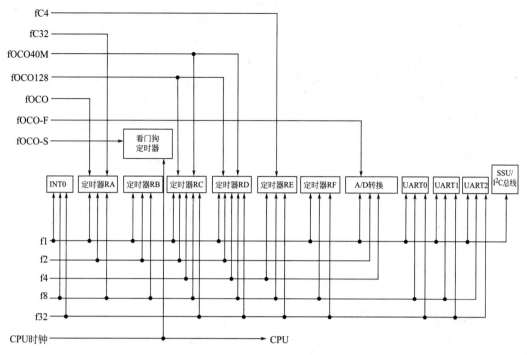

图 2-2-18　外设时钟功能分配

```
cm16= 0;           //不分频
cm17= 0;
cm06= 0;           //cm16 和 cm17 使能
fra01= 0;
asm("nop");
asm("nop");
asm("nop");
asm("nop");
asm("nop");
asm("nop");
asm("nop");
asm("nop");
asm("nop");
asm("nop");
asm("nop");

fra01 = 1;         //选择内部振荡器
Prcr = 0;          //开启保护

prc3= 1;
vca25= 1;
vca26= 1;
```

```
        asm("nop");
        asm("nop");
        asm("nop");
        asm("nop");
        asm("nop");
        asm("nop");
        vw0f0= 1;
        vw0f1= 1;
        vw1f0= 1;
        vw1f1= 1;

        vw0c1= 0;
        vw1c1= 0;
        vw0c6= 1;
        vw1c6= 1;
        vw0c2= 0;
        vw1c2= 0;
        vw0c0= 1;
        vw1c0= 1;
        prc3= 0;

        asm("FSET I");    //open interrupt
    }
```

2. 定时器

单片机内的定时器内置 2 个带 8 位预定标器的 8 位定时器、3 个 16 位定时器、1 个带有 4 位计数器和 8 位计数器的定时器。带 8 位预定标器的 8 位定时器有定时器 RA 和定时器 RB。这些定时器含有记忆计数器初始值的重加载寄存器。16 位定时器为具有输入捕捉和输出比较功能的定时器 RC、定时器 RD、定时器 RF。4 位计数器、8 位计数器是带有输出比较的定时器 RE。所有定时器各自独立运行。各定时器的功能如表 2-2-1 所示。

表 2-2-1　各定时器的功能

项目	定时器 RA	定时器 RB	定时器 RC	定时器 RD	定时器 RE	定时器 RF
构成	带 8 位预定标器的 8 位定时器（带重加载寄存器）	带 8 位预定标器的 8 位定时器（带重加载寄存器）	16 位定时器（带输入捕捉和输出比较）	16 位定时器×2（带输入捕捉和输出比较）	4 位计数器 8 位计数器	16 位定时器（带输入捕捉和输出比较）
计数	递减计数	递减计数	递增计数	递增计数/递减计数	递增计数	递增计数
计数源	• f1 • f2 • f8 • fOCO • fC32	• f1 • f2 • f8 • 定时器 RA 下溢	• f1 • f2 • f4 • f8 • f32 • fOCO40M • TRCCLK	• f1 • f2 • f4 • f8 • f32 • fOCO40M • TRDIOA0	• f4 • f8 • f32 • fC4 • fC32	• f4 • f8 • f32

项目		定时器 RA	定时器 RB	定时器 RC	定时器 RD	定时器 RE	定时器 RF
功能	内部计数源计数	定时器模式	定时器模式	定时器模式（输出比较功能）	定时器模式（输出比较功能）	—	输出比较模式
	外部计数源计数	事件计数器模式	—	定时器模式（输出比较功能）	定时器模式（输出比较功能）	—	—
	外部脉宽/周期测定	脉宽测定模式 脉冲周期测定模式	—	定时器模式（输入捕捉功能：4个）	定时器模式（输入捕捉功能：2个通道×4个）	—	输入捕捉模式
	PWM 输出	脉冲输出模式（注 1）事件计数器模式（注 1）	可编程波形产生模式	定时器模式（输出比较功能：4 个）（注 1）PWM 模式（3 个）PWM2 模式（1 个）	定时器模式（输出比较功能：2 个通道×4 个）（注 1）PWM 模式（2 个通道×3 个）PWM2 模式（2 个通道×2 个）	输出比较模式（注 1）	输出比较模式
	单触发波形输出	—	可编程单触发产生模式 可编程等待单触发产生模式	PWM 模式（3 个）	PWM 模式（2 个通道×3 个）	—	—
	三态波形输出	—	—	—	复位同步 PWM 模式（2 个通道×3 个、锯齿波调制）互补 PWM 模式（2 个通道×3 个、三角波调制、有死区时间）	—	—
	时钟	定时器模式（仅 fC32 计数）	—	—	—	实时时钟模式	—
输入引脚		TRAIO	$\overline{\text{INT0}}$	$\overline{\text{INT0}}$ TRCCLK TRCTRG TRCIOA TRCIOB TRCIOC TRCIOD	$\overline{\text{INT0}}$ TRDCLK TRDIOA0 TRDIOA1 TRDIOB0 TRDIOB1 TRDIOC0 TRDIOC1 TRDIOD0 TRDIOD1	—	TCIN
输出引脚		TRAO TRAIO	TRBO	TRCIOA TRCIOB TRCIOC TRCIOD	TRDIOA0 TRDIOA1 TRDIOB0 TRDIOB1 TRDIOC0 TRDIOC1 TRDIOD0 TRDIOD1	TREO	TRFO00 ～ TRFO02 TRFO10 ～ TRFO12

项目	定时器 RA	定时器 RB	定时器 RC	定时器 RD	定时器 RE	定时器 RF
关联中断	定时器 RA 中断 INT1中断	定时器 RB 中断 INT0中断	比较匹配/输入捕捉 A～D 中断 上溢中断 INT0中断	比较匹配/输入捕捉 A0～D0 中断 比较匹配/输入捕捉 A1～D1 中断 上溢中断 下溢中断(注1) INT0中断	定时器 RE 中断	定时器 RF 中断 比较 0 中断 比较 1 中断
定时器停止	有	有	有	有	有	有

本系统主要采用 RA 和 RB 定时器，定时时间都为 10ms，以 RB 定时器为例，源代码如下：

```
//-------------------------------------------------------------------------
// 函数：void time_rb_init
// 描述：初始化定时 B
//-------------------------------------------------------------------------
void time_rb_init(void)
{
    /* 初始化 RB 定时器,cpu 时钟 20M 8 分频后给 RA ,RA 定时值为 250,定时 0.1ms* /
    tstart_trbcr = 0;        //Stop Timer RB operation
    while(tcstf_trbcr ! = 0);
    trbic = 0x04;            // 允许定时器 B 中断
    tstop_trbcr = 1;
    trbpre= 249;
    trbpr= 99;
    trbioc = 0;
    TRBMR = 0x10;            //timeA 下溢
    tstart_trbcr = 1;        //Stop Timer RB operation
    while(tcstf_trbcr ! = 1);
}
```

3. 串行接口

单片机的串行接口由 UART0～UART2 的三个通道构成，用于产生传送时钟的专用定时器，独立运行。UARTi （i＝0～2）的框图如图 2-2-19 所示。

发送和接收部分框图如图 2-2-20 所示。

初始化配置中，模式寄存器、发送/接收控制寄存器以及位速率寄存器的位说明如图 2-2-21 和图 2-2-22 所示。

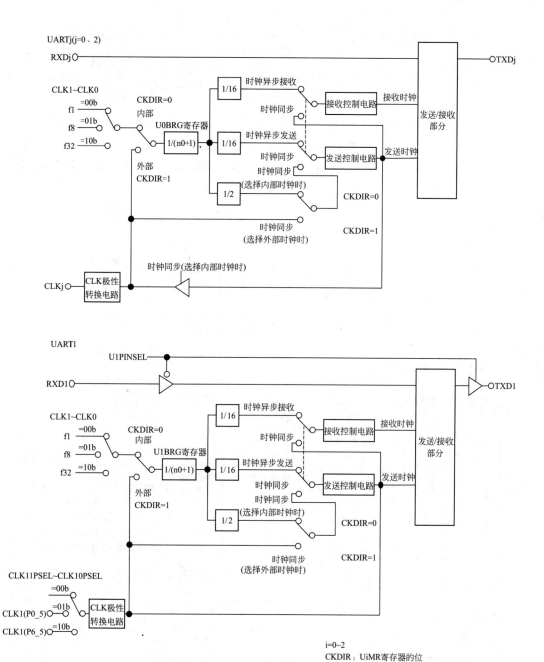

图 2-2-19　UARTi（i＝0～2）的框图

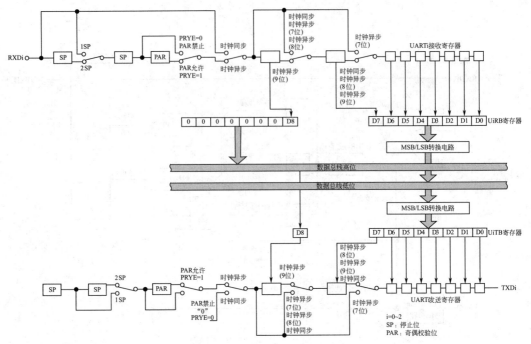

图 2-2-20　发送和接收部分框图

UARTi 发送/接收模式寄存器(i=0~2)

符号	地址	复位后的值
U0MR	地址00A0h	00h
U1MR	地址00A8h	00h
U2MR	地址0160h	00h

b7 b6 b5 b4 b3 b2 b1 b0

位符号	位名	功能	RW
SMD0	串行I/O模式选择位 (注2)	b2 b1 b0 0 0 0：串行接口无效 0 0 1：时钟同步串行I/O模式	RW
SMD1		1 0 0：UART模式传送数据长度为7位	RW
		1 0 1：UART模式传送数据长度为8位	
SMD2		1 1 0：UART模式传送数据长度为9位	RW
		上述以外：不能设定	
CKDIR	内/外时钟选择位	0：内部时钟 1：外部时钟(注1)	RW
STPS	停止位长度选择位	0：1个停止位 1：2个停止位	RW
PRY	奇偶校验奇偶性选择位	PRYE=1时有效 0：奇数奇偶校验 1：偶数奇偶校验	RW
PRYE	奇偶校验允许位	0：禁止奇偶校验 1：允许奇偶校验	RW
(b7)	保留位	必须清 "0"	RW

注1. 必须将PD1寄存器的PD1_6位清"0"(输入)。
注2. 不要对U1MR寄存器的SMD2~SMD0位设定"000b"、"100b"、"101b"、"110b"以外的值

UARTi 位速率寄存器(i=0~2)(注1、2、3)

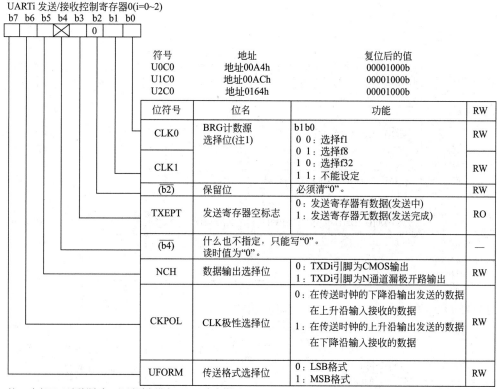

符号	地址	复位后的值
U0BRG	地址00A1h	不定
U1BRG	地址00A9h	不定
U2BRG	地址0161h	不定

功能	设定范围	RW
设定值位n时，U0BRG对计数源n+1分频	00h~FFh	WO

注1. 必须在发送/接收停止时写入。
注2. 必须使用MOV指令写入。
注3. 必须在设定UiC0寄存器的CLK0~CLK1位后，写入UiBRG寄存器。

图 2-2-21　模式和位速率寄存器说明

UARTi 发送/接收控制寄存器0(i=0~2)
b7 b6 b5 b4 b3 b2 b1 b0

符号	地址	复位后的值
U0C0	地址00A4h	00001000b
U1C0	地址00ACh	00001000b
U2C0	地址0164h	00001000b

位符号	位名	功能	RW
CLK0	BRG计数源选择位(注1)	b1 b0 0 0：选择f1 0 1：选择f8	RW
CLK1		1 0：选择f32 1 1：不能设定	RW
(b2)	保留位	必须清"0"。	RW
TXEPT	发送寄存器空标志	0：发送寄存器有数据(发送中) 1：发送寄存器无数据(发送完成)	RO
(b4)	什么也不指定，只能写"0"。 读时值为"0"。		—
NCH	数据输出选择位	0：TXDi引脚为CMOS输出 1：TXDi引脚为N通道漏极开路输出	RW
CKPOL	CLK极性选择位	0：在传送时钟的下降沿输出发送的数据 　在上升沿输入接收的数据 1：在传送时钟的上升沿输出发送的数据 　在下降沿输入接收的数据	RW
UFORM	传送格式选择位	0：LSB格式 1：MSB格式	RW

注：改变BRG计数源时，必须再次设定UiBRG寄存器。

图 2-2-22　发送/接收控制寄存器

以 UART0 为例，选择 f1 时钟源，波特率为 9600bps，其初始化程序如下：

```
//-------------------------------------------------------------------------------
// 函数：void Uart0_Init
// 描述：初始化 uart0
//-------------------------------------------------------------------------------
```

```
void Uart0_9600_Init(void)
{
    UART0_TX_PIN= 1;
    UART0_TX_DIR= 1;
    UART0_RX_DIR= 0;
    u0mr= 0X05;
    u0c0= 0X00;          //时钟源选择 f1
    u0c1= 0X00;
    u0brg= 0x81;         //波特率设置为 9600bps
    s0ric= 0x07;
    te_u0c1= 1;
    re_u0c1= 1;
}
```

以 8 位数据发送接收为例，其时序图如图 2-2-23 和图 2-2-24 所示。

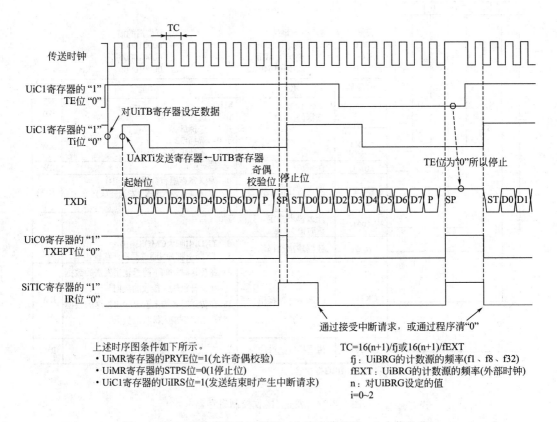

图 2-2-23　8 位数据发送时序图（允许奇偶校验，1 个停止位）

4. Flash

对单片机的 Flash 操作主要有三种模式：CPU 改写模式、标准串行输入/输出模式和并行输入/输出模式。每个模式的区别如表 2-2-2 所示。

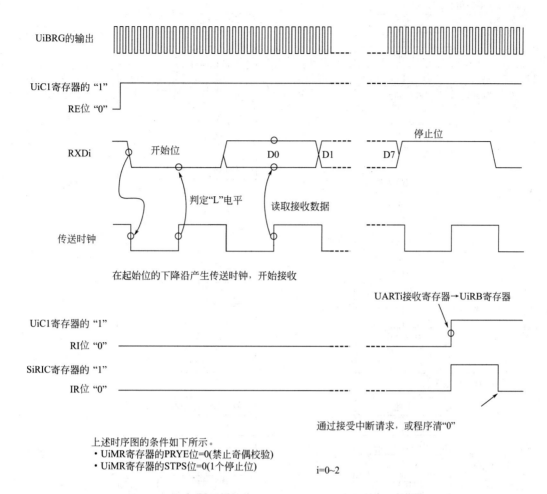

图 2-2-24　8 位数据接收时序图（禁止奇偶校验，1 个停止位）

表 2-2-2　Flash 模式的区别

比较项目	CPU 改写模式	标准串行输入/输出模式	并行输入/输出模式
功能概要	通过 CPU 执行软件命令改写用户 ROM 区 EW0 模式:可改写 RAM EW1 模式:可改写闪存	通过 CPU 执行软件命令改写用户 ROM 区	使用专用串行编程器改写用户 ROM 区
能改写的区域	用户 ROM 区	用户 ROM 区	用户 ROM 区
运行模式	单芯片模式	引导模式	并行输入/输出模式
ROM 编程器	—	串行编程器	并行编程器

　　Flash 的编程方式是以字节为单位，而擦除方式是以块为单位的。编程的流程图如图 2-2-25 所示，块擦除的流程图如图 2-2-26 所示。

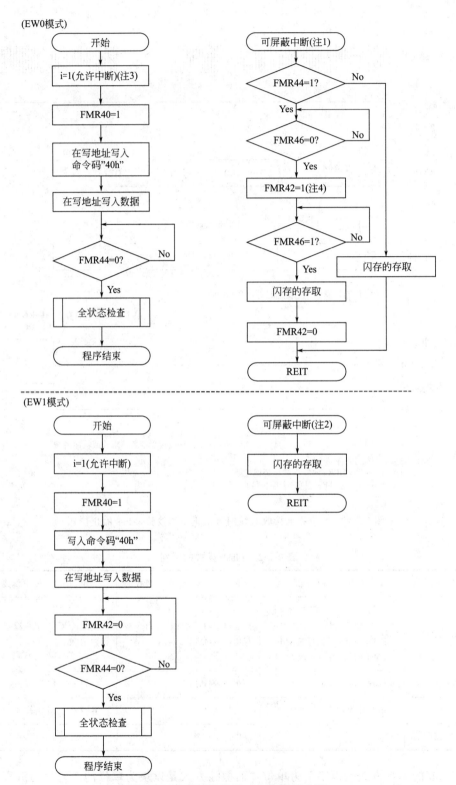

图 2-2-25 编程流程图（允许挂起功能）

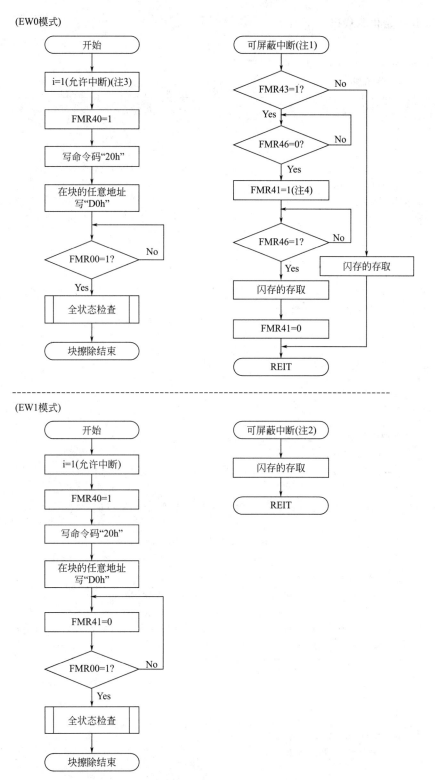

图 2-2-26　块擦除流程图（允许擦除挂起功能）

Flash 初始化源代码如下所示：

```
//-------------------------------------------------------------------------------------------------------------------------
// 函数: void inverter_flash_init
// 描述: 参数初始化
//-------------------------------------------------------------------------------------------------------------------------
void Flash_A_Init(void)
{
    unsigned char i;
    unsigned int addr;
    unsigned int jiaoyan;
    addr= block_a;
    for(i= 0;i< 32;i+ + )
    {
        if((* ((unsigned char * )addr))= = 0xff) break;
        addr+ = 0x20;
    }
//flash 中没有数据,给默认数据
    if(i= = 0)
    {
        Flash_A_Default();
    }
    else
    {
        addr-= 0x20;
        //校验
        for(i= 0,jiaoyan= 0;i< 30;i+ + )
        {
            jiaoyan+ = (* ((unsigned char * )(addr+ i)));
        }
        if(jiaoyan= = (* ((unsigned int * )(addr+ i))))
        {
        //读 flash 属性参数
            for(i= 0;i< sizeof(flash_a_property);i+ + )
            {
                * (unsigned char * )((unsigned char * )(&(flash_a_property. cnmo_
mode))+ i)= (* ((unsigned char * )(addr+ i)));
            }
        }
        else
        {
            block_erase((void * )block_a);
            Flash_A_Default();
        }
    }
}
```

5. ADC 转换

本单片机采用的 A/D 转换方式为逐次逼近的转换方式（电容耦合放大器），最大分辨率为 10bit，每个引脚的转换速度为 33 个 A/D 周期。A/D 转换框图如图 2-2-27 所示。

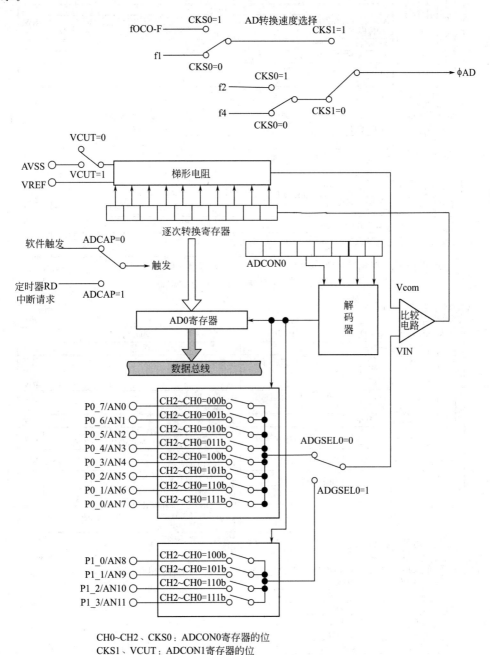

CH0~CH2、CKS0：ADCON0寄存器的位
CKS1、VCUT：ADCON1寄存器的位
ADGSEL0：ADCON2寄存器的位

图 2-2-27　A/D 转换框图

各种 A/D 寄存器说明如图 2-2-28～图 2-2-30 所示。

A/D寄存器0

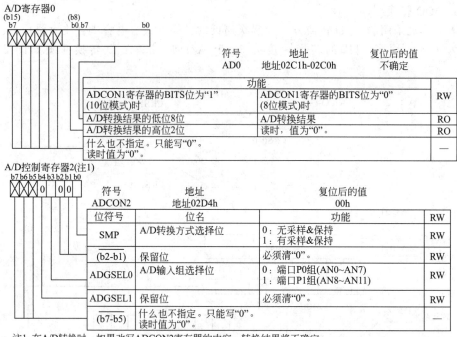

A/D寄存器0
(b15) (b8)
b7 [XXXX] b0 b7 [ ] b0

	符号	地址	复位后的值
	AD0	地址02C1h-02C0h	不确定

功能		RW
ADCON1寄存器的BITS位为"1"(10位模式)时	ADCON1寄存器的BITS位为"0"(8位模式)时	RW
A/D转换结果的低位8位	A/D转换结果	RO
A/D转换结果的高位2位	读时，值为"0"。	RO
什么也不指定。只能写"0"。读时值为"0"。		—

A/D控制寄存器2(注1)
b7 b6 b5 b4 b3 b2 b1 b0
[XXX]0[ ]0 0

	符号	地址	复位后的值
	ADCON2	地址02D4h	00h

位符号	位名	功能	RW
SMP	A/D转换方式选择位	0：无采样&保持 1：有采样&保持	RW
(b2-b1)	保留位	必须清"0"。	RW
ADGSEL0	A/D输入组选择位	0：端口P0组(AN0~AN7) 1：端口P1组(AN8~AN11)	RW
ADGSEL1	保留位	必须清"0"。	RW
(b7-b5)	什么也不指定。只能写"0"。读时值为"0"。		—

注1. 在A/D转换时，如果改写ADCON2寄存器的内容，转换结果将不确定。

图 2-2-28　AD0 和 ADCON2 寄存器

A/D控制寄存器0(注1)
b7 b6 b5 b4 b3 b2 b1 b0
[ ]0[ ]

	符号	地址	复位后的值
	ADCON0	地址02D6h	00h

位符号	位名	功能	RW
CH0	模拟输入引脚选择位	请参照(注4)	RW
CH1			RW
CH2			RW
MD0	A/D运行模式选择位(注2)	0：单次模式 1：重复模式0	RW
MD1	保留位	必须清"0"	RW
ADCAP	A/D转换自动开始位	0：通过软件触发(ADST位)开始 1：通过定时器RD(互补PWM模式)开始	RW
ADST	A/D转换开始位	0：停止A/D转换 1：开始A/D转换	RW
CKS0	频率选择位0	[ADCON1寄存器的CKS1=0时] 0：选择14 1：选择12 [ADCON1寄存器的CKS1=1时] 0：选择11(注3) 1：选择fOCO-F	RW

注1. 在A/D转换时，如果改写ADCON0寄存器的内容，转换结果将不确定。
注2. 如果改变了A/D运行模式，必须重新选择模拟输入引脚。
注3. 必须将φAD的频率设为小于等于10MHz。
注4. 可通过CH0~CH2位和ADCON2寄存器的ADGSEL0位的组合来选择模拟输入引脚。

CH2~CH0	ADGSEL0=0	ADGSEL0=1
000b	AN0	不能设定
001b	AN1	
010b	AN2	
011b	AN3	
100b	AN4	AN8
101b	AN5	AN9
110b	AN6	AN10
111b	AN7	AN11

图 2-2-29　ADCON0 寄存器

A/D控制寄存器1(注1)

b7 b6 b5 b4 b3 b2 b1 b0
| 0 | 0 | | | | 0 | 0 | 0 |

符号
ADCON1

地址
地址02D7h

复位后的值
00h

位符号	位名	功能	RW
SCAN0	保留位	必须清"0"。	RW
(b2-b1)	保留位	必须清"0"。	RW
BITS	8/10位模式选择位(注2)	0：8位模式 1：10位模式	RW
CKS1	频率选择位1	请参照ADCON0寄存器的CKS0位的功能说明	RW
VCUT	VREF连接位(注3)	0：未连接VREF 1：连接VREF	RW
(b7-b6)	保留位	必须清"0"。	RW

注1. 在A/D转换时，如果改写ADCON1寄存器的内容，转换结果将不确定。
注2. 在重复模式0时，必须将BITS位清"0"(8位模式)。
注3. VCUT位从"0"(未连接VREF)变为"1"(连接VREF)时，必须经过1μs或大于等于1μs后再开始A/D转换

图 2-2-30 ADCON1 寄存器

ADC 转换初始化配置源代码示例如下：

```
//------------------------------------------------------------------------------------------------------------
// 函数：void adc_init(void)
// 描述：初始化 ADC
//------------------------------------------------------------------------------------------------------------
void adc_init (void)
{
    /*  Configure adcon2
    b7:b5 - Reserved - Set to 000
    b4:b3 - ADGSEL1:ADGSEL0 - Set to 01 (Port P1 group)
    b2:b1 - Reserved - Set to 00
    b0 - SMP - Set to 0 (Sample and hold function Disabled)* /
    adcon2 =  0x08;
    /* Configure adcon0
       b7 - CKS0 - Set to 1 (Selects f2)
       b6 - ADST - Set to 0 (A/D conversion start flag)
       b5 - ADCAP - Set to 0 (Select Software trigger)
       b4:b3 - MD1:0 - Set to 0 (Select one shot mode)
       b2:b1:b0 - CH2:CH1:CH0 - Set to 100 (Select AN8)* /
adcon0 =  0x84;
    /*  Configure adcon1
       b7:b6 -Reserved - Set to 0
       b5 - VCUT - Set to 1 (Vref connected)
       b4 - CKS1 - Set to 0 (Selects frequency f/2)
       b3 - BITS - Set to 1 (Select 10 bit mode)
       b2:b1 - Reserved - Set to 00
       b0 - SCAN0 - Set to 0* /
```

```
    adcon1 =  0x28;
}
```

（二）传感器数据采集软件

本软件对传感器数据采集分为 30s 采集一次的数据和 300s 采集一次的数据。源代码如下：

```
//-------------------------------------------------------------------------------------------
// 函数:Sensor_Time_Event
// 描述:传感器的时间事件处理
//-------------------------------------------------------------------------------------------
void Sensor_Time_Event(void)
{
    switch(Time_Event_States)
    {
        case sKeyReset10s://Reset 按键时间超过 10s
        //查询中断按键状态
        if(reload_delay_10ms= = 0)
        {
            //所有 led 灯关闭
            led_flashes_flag&= ~bit6;
            led_flashes_flag|= bit7;
            //延时 5s
            delay_second(50);
            # ifdef DEBUG
            Send_uart2_str("\r\n!!! go to reload key!!!",1);
            # endif
            while(! KEY_RESET_PIN){wdt_clear();}
            Wifi_Parament_Restore();
        }
        break;
        //查询 wifi 的状态
        case sTimeEvent30s:
            //Omink 逆变器 30s 时间到要进行的事件处理
            Sensor_Time30S_Event_Dispose();
        break;

        case sTimeEvent300s: //5min 时间超时
            //Omink 逆变器 300s 时间到要进行的事件处理
            Sensor_Time300S_Event_Dispose();
        break;

        default:
            tmra_delay60s_10ms= 6000;
            Time_Event_States= sNullTimeEvent;    //其他值返回空闲
        break;
```

```
        }
    }
    //-------------------------------------------------------------------------------------------
    // 函数:Sensor_Time30S_Event_Dispose
    // 描述: 30s 时间到,传感器事件处理
    //-------------------------------------------------------------------------------------------
    U8 Sensor_Time30S_Event_Dispose(void)
    {
        U8 loop_i= 0;

        # ifdef DEBUG
            Send_uart2_str("\r\n Sensor_Time30S_Event_Dispose\r\n",1);
        # endif

        switch(Omnik_Inverter_Event)
        {
            case sOmnikInverterLinkQueryCmd:
            //查询 wifi 的工作模式
            Omnik_Inverter_Event= sOmnikWifiWmodeCmd;
            break;

            case sOmnikWifiWmodeCmd: //Read reset default factory status value Com-
    mand Reback OK
                wifi_status_flag&= ~bit2; //清空 wifi 连接标志
                # ifdef DEBUG
                    delay_second(2);
                    Send_uart2_str("\r\n
    Sensor_Time30S_Event_Dispose::sOmnikWifiWmodeCmd\r\n",1);
                    delay_second(2);
                # endif
                //发送 AT+ WMODE 命令
                Send_uart0_str((U8* )send_wmode_command,1);
    loop_i= Rev_uart0_data((char* )wmode_reback_sta,(char* )wmode_reback_ap,100);
                if(loop_i= = 0x01)
                {
                    # ifdef DEBUG
                        delay_second(2);
                        Send_uart2_str("\r\n
    Sensor_Time30S_Event_Dispose:sOmnikWifiWmodeCmd::STA_Rev_OK\r\n",1);
                        delay_second(2);
                    # endif
                    wifi_status_flag|= bit2; //STA 逆变器数据传输
                    //wifi 连接不成功
                    if(WIFI_STATUS_PIN)
```

```
                {
                    //status OFF
                    led_flashes_flag&= ~bit1;
                    led_flashes_flag&= ~bit0;
                    //link OFF
                    led_flashes_flag&= ~bit3;
                    led_flashes_flag&= ~bit2;
                }
                //wifi 成功连接
                else
                {
                    //status ON
                    led_flashes_flag&= ~bit1;
                    led_flashes_flag|= bit0;
                }
                Omnik_Wifi_Cmd_Count= 0; //wifi 命令错误计数清零
            }
        else if(loop_i= = 0x02)
            {
            # ifdef DEBUG
                delay_second(2);
                Send_uart2_str("\r\n
Sensor_Time30S_Event_Dispose:sOmnikWifiWmodeCmd::AP_Rev_OK\r\n",1);
                delay_second(2);
            # endif
            //status 灯闪
            led_flashes_flag|= bit1;
            led_flashes_flag|= bit0;
            wifi_status_flag&= ~bit2; //AP 模式
            //逆变器号等于 TEST 逆变器号
            if(InverterSN_Equal_TestSN)
                {
                InverterSN_Equal_TestSN= 0;
                for(loop_i= 0;loop_i< 3;loop_i+ + )
                    {
                    # ifdef DEBUG
                        delay_second(2);
                        Send_uart2_str("\r\n
Sensor_Time30S_Event_Dispose:sOmnikWifiWmodeCmd::InverterSN= = TestSN\r\n",1);
                        delay_second(2);
                    # endif
                    //发送命令 AT+ WMODE= STA
                    Send_uart0_str((U8* )set_wmode_default,1);
                    if(Rev_uart0_data((char* )command_reback_ok,0,1000))
```

```
                {
                    wifi_reset();//wifi 复位
                    mcu_software_restet(); //复位 MCU
                }
            }
        }
        Omnik_Wifi_Cmd_Count= 0; //wifi 命令错误计数清零
    }
    else
    {
        # ifdef DEBUG
            delay_second(2);
            Send_uart2_str("\r\n
Sensor_Time30S_Event_Dispose:sOmnikWifiWmodeCmd::ERROR\r\n",1);
            delay_second(2);
        # endif
        //status OFF
        led_flashes_flag&= ~bit1;
        led_flashes_flag&= ~bit0;
        //link off
        led_flashes_flag&= ~bit3;
        led_flashes_flag&= ~bit2;
        //Omnik wifi 事件异常处理
        Wifi_Cmd_Error_Dispose(sOmnikWifiWmodeCmd);
    }
    if(loop_i)
    {
        //释放时间标志
        tmra_delay30s_10ms= 3000; //再次定义 30s
        Omnik_Inverter_Event= sOmnikNullEvent; //释放事件标识
        Time_Event_States= sNullTimeEvent; //释放时间标志
    }
    break;

    default :
    //释放时间标志
    tmra_delay30s_10ms= 3000; //在次定义 30s
    Omnik_Inverter_Event= sOmnikNullEvent; //释放事件标识
    Time_Event_States= sNullTimeEvent; //释放时间标志
    break;
    }
    return 0;
}
//---------------------------------------------------------------------------------
```

学习情境二 系统感知层设计 ⚞ 57

```
// 函数:Sensor_Time300s_Event_Dispose
// 描述:300s 时间到,传感器数据的读取解析
//--------------------------------------------------------------------------------------------------------
U8 Sensor_Time300S_Event_Dispose(void)
{
    U8 loop_i= 0;

    # ifdef DEBUG
        delay_second(2);
        Send_uart2_str("\r\n Sensor_Time300S_Event_Dispose\r\n",1);
        delay_second(2);
    # endif
    //sta 无 wifi 连接 间隔 1min 再查询一次
    if((wifi_status_flag&bit2)&&(WIFI_STATUS_PIN))
    {
        collect_interval_10ms= 6000; //重新设定 5min 发送一次逆变器数据
        Omnik_Inverter_Event= sOmnikNullEvent;
        Time_Event_States= sNullTimeEvent;
        return 0;
    }

    switch(Omnik_Inverter_Event)
    {
        case sOmnikWifiTCPLKBCmd:
        # ifdef DEBUG
            delay_second(2);
            Send_uart2_str("\r\n
Sensor_Time300S_Event_Dispose::sOmnikWifiTCPLKBCmd\r\n",1);
            delay_second(2);
        # endif
        //发送 AT+ TCPLKB 命令
        Send_uart0_str((U8* )send_tcplkb_command,1);
loop_i= Rev_uart0_data((char* )tcplkb_reback_on,(char* )tcplkb_reback_off,100);
        if(loop_i= = 0x01)
        {
            # ifdef DEBUG
                delay_second(2);
                Send_uart2_str("\r\n
Sensor_Time300S_Event_Dispose::sWifiTCPLKBCmd:TCPB ALEARD OPEN",1);
                delay_second(2);
            # endif
            //LINK ON
            led_flashes_flag&= ~bit3;
            led_flashes_flag|= bit2;
```

```
        //清空 HFOPEN 连接计数
        Hfopen_Cmd_Execute_Count= 0;
        Omnik_Inverter_Event= sSensorC200MDVAQueryCmd;
        Omnik_Wifi_Cmd_Count= 0; //wifi 命令错误计数清零
    }
    else if(loop_i= = 0x02)
    {
        # ifdef DEBUG
            delay_second(2);
            Send_uart2_str("\r\n
Sensor_Time300S_Event_Dispose::sWifiTCPLKBCmd:TCPB OFF",1);
            delay_second(2);
        # endif
        Omnik_Inverter_Event= sOminkWifiHFOPENCmd;
        Omnik_Wifi_Cmd_Count= 0; //wifi 命令错误计数清零
    }
    else
    {
        # ifdef DEBUG
            delay_second(2);
            Send_uart2_str("\r\n
Sensor_Time300S_Event_Dispose::sWifiTCPLKBCmd:ERROR",1);
            delay_second(2);
        # endif
        //LINK OFF
        led_flashes_flag&= ~bit3;
        led_flashes_flag&= ~bit2;
        //Omnik wifi 事件异常处理
        Wifi_Cmd_Error_Dispose(sOmnikWifiTCPLKBCmd);
    }
    break;

    case sOminkWifiHFOPENCmd:
    # ifdef DEBUG
        delay_second(2);
        Send_uart2_str("\r\n
Sensor_Time300S_Event_Dispose::sOminkWifiHFOPENCmd",1);
        delay_second(2);
    # endif
    //连接模式的选择
    if(flash_b_property.cnmo_index= = 0x00)
    {
        Open_SocketB_Connect(0); //发送 AT+ HFOPEN 进行 IP 连接
    }
```

```
        else if(flash_b_property. cnmo_index= = 0x01)
        {
            Open_SocketB_Connect(1); //发送 AT+ HFOPEN   进行 DNS 连接
        }
        else
        {
            if(Hfopen_Cmd_Switch_Ctl)          //domain name 连接
            {
                Open_SocketB_Connect(1); //发送 AT+ HFOPEN
            }
            else                //IP 连接
            {
                Open_SocketB_Connect(0); //发送 AT+ HFOPEN
            }
        }
        Hfopen_Cmd_Execute_Count+ + ;   //连接次数计数
        //sta 模式下连接 10 次,ap 模式下连接 4 次
    if((Hfopen_Cmd_Execute_Count> 10)||(((wifi_status_flag&bit2)= = 0) &&(Hfopen_
Cmd_Execute_Count> 4)))
        {
            //清空 HFOPEN 连接计数
            Hfopen_Cmd_Execute_Count= 0;
            Omnik_Wifi_Cmd_Count= 0; //wifi 命令错误计数清零
            collect_interval_10ms= 6000* flash_a_property. inter_time; //重新设定
5min 发送一次逆变器数据
            Omnik_Inverter_Event= sOmnikNullEvent;
            Time_Event_States= sNullTimeEvent;
            return 0;
        }
        //等待 HFOPEN 命令返回值
    loop_i= Rev_uart0_data((char* )hfopen_reback_ok,(char* )hfopen_reback_fail,
1000);
        if(loop_i= = 0x01)
        {
            # ifdef DEBUG
                delay_second(2);
                Send_uart2_str("\r\n
Sensor_Time300S_Event_Dispose::sOminkWifiHFOPENCmd:HFOPEN OK",1);
                delay_second(2);
            # endif
            //LINK ON
            led_flashes_flag&= ~bit3;
            led_flashes_flag|= bit2;
            Hfopen_Cmd_Execute_Count= 0;//清空 HFOPEN 连接计数
```

```
        Omnik_Inverter_Event= sSensorC200MDVAQueryCmd;//启动读逆变器数据步骤
        Omnik_Wifi_Cmd_Count= 0; //wifi 命令错误计数清零
}
    else if(loop_i= = 0x02)
    {
        # ifdef DEBUG
            delay_second(2);
            Send_uart2_str("\r\n
Sensor_Time300S_Event_Dispose::sOminkWifiHFOPENCmd:HFOPEN FAILLED",1);
            delay_second(2);
        # endif
        //LINK OFF
        led_flashes_flag&= ~bit3;
        led_flashes_flag&= ~bit2;
        Omnik_Inverter_Event= sOmnikWifiTCPLKBCmd; //再次查询进行连接
        Hfopen_Cmd_Switch_Ctl= ~Hfopen_Cmd_Switch_Ctl;//域名 IP 连接切换
        Omnik_Wifi_Cmd_Count= 0; //wifi 命令错误计数清零
    }
    else
    {
        # ifdef DEBUG
            delay_second(2);
            Send_uart2_str("\r\n
Sensor_Time300S_Event_Dispose::sOminkWifiHFOPENCmd:HFOPEN REV NONE",1);
            delay_second(2);
        # endif
        //status 熄灭
        led_flashes_flag&= ~bit1;   //r
        led_flashes_flag&= ~bit0;   //r
        //LINK OFF
        led_flashes_flag&= ~bit3;
        led_flashes_flag&= ~bit2;
        if(Rev_uart0_data((char* )error_reback_ok,0,100))
        {
            Wifi_Cmd_Error_Dispose(sOminkWifiHFOPENCmd);//Omnik wifi 事件异常处理
        }
        else
        {
            Omnik_Wifi_Cmd_Count= 0; //wifi 命令错误计数清零
            collect_interval_10ms= 12000; //重新设定 2min 发一次逆变器数据
            //域名 IP 连接切换
            Hfopen_Cmd_Switch_Ctl= ~Hfopen_Cmd_Switch_Ctl;
            Omnik_Inverter_Event= sOmnikNullEvent;
            Time_Event_States= sNullTimeEvent;
```

```
        }
    }
    break;

    case sSensorC200MDVAQueryCmd:   //query Inverter ID info Command Reback OK
    # ifdef DEBUG
        delay_second(2);
        Send_uart2_str("\r\n
Sensor_Time300S_Event_Dispose::sSensorC200MDVAQueryCmd\r\n",1);
        delay_second(2);
    # endif
    //发送查询逆变器 ID 信息命令 Sensor_C2000_MDVA_Read
    Sensor_C2000_Cmd_Send((U8* )Sensor_C2000_MDVA_Command);
    if(Rev_Sensor_uart1_data(0x01)> = 21)
    {
        wifi_status_flag|= bit5;
        //地址和功能码都正确
        if((RS422_RX_Buffer[0]= = 0x01)&&(RS422_RX_Buffer[1]= = 0x03))
        {
            wifi_status_flag|= bit4;
            for(loop_i= 0;loop_i< 21;loop_i+ + )
            {
                Omnik_addr_485[loop_i]= RS422_RX_Buffer[loop_i];
            }
        }
        Omnik_Inverter_Event= sSensorC200MDVAChannelCmd;//命令执行
        Omnik_Inverter_Cmd_Count= 0; //逆变器命令错误计数清零
    }
    else
    {
        Omnik_Inverter_Cmd_Count+ + ;
        if(Omnik_Inverter_Cmd_Count> 4)
        {
            wifi_status_flag&= ~bit5;
            Omnik_Inverter_Cmd_Count= 0;
            Omnik_Inverter_Event= sAW3485DataReadCmd;
        }
    }
    break;

    case sSensorC200MDVAChannelCmd:
    # ifdef DEBUG
        delay_second(2);
        Send_uart2_str("\r\n
```

```
Sensor_Time300S_Event_Dispose::sSensorC200MDVAChannelCmd\r\n",1);
        delay_second(2);
    # endif
    temp_da= 0;
    temp_sa= 0;
    switch(flash_b_property.sensor_aisle[sensor_channel_num])
    {
        case 0x00: //风向 保留两位小数
        temp_da= Omnik_addr_485[4]+ (((unsigned long)Omnik_addr_485[3])< < 8);
        if(temp_da> = 0x8000)
        {
            temp_sa= (unsigned long)(((65535-temp_da+ 1)* 300)/34);
        }
        else
        {
            temp_sa= (unsigned long)((temp_da* 300)/34);
        }
    if(temp_sa> 36000)
    {
        temp_sa= 36000;
    }
    //写入风向值到 Temp_buf
    * ((unsigned long * )(&WIFI_DATA_TEMP_Buffer[1]))= temp_sa;
    break;

    case 0x01: //风速
    temp_da= Omnik_addr_485[6]+ (((unsigned long)Omnik_addr_485[5])< < 8);
    if(temp_da> = 0x8000)
    {
        temp_sa= (unsigned long)(((65535-temp_da+ 1)* 75)/68);
    }
    else
    {
        temp_sa= (unsigned long)((temp_da* 75)/68);
    }
    //写入风速值到 Temp_buf
    * ((unsigned long * )(&WIFI_DATA_TEMP_Buffer[5]))= temp_sa;break;

    case 0x02: //光辐射
    temp_da= Omnik_addr_485[8]+ (((unsigned long)Omnik_addr_485[7])< < 8);
    if(temp_da> = 0x8000)
    {
        temp_sa= (unsigned long)(((65535-temp_da+ 1)* 625)/17);
    }
```

```c
    else
    {
        temp_sa= (unsigned long)((temp_da* 625)/17);
    }
    //写入光辐射值到 Temp_buf
    * ((unsigned long * )(&WIFI_DATA_TEMP_Buffer[9]))= temp_sa;
    break;

    case 0x03: //组件温度
        temp_da= Omnik_addr_485[10]+ (((unsigned long)Omnik_addr_485[9])< < 8);
    if(temp_da> = 0x8000)
    {
        temp_sa= (unsigned long)(((64720-temp_da)* 62500)/102);
    }
    else
    {
        temp_sa= (unsigned long)(((temp_da-816)* 625)/102);
    }
    //写入组件温度值到 Temp_buf
    * ((unsigned long * )(&WIFI_DATA_TEMP_Buffer[13]))= temp_sa;
    break;

    default:
    break;
}
//查看传感器的下一个信道
sensor_channel_num+ + ;
if(sensor_channel_num> = 8)
{
    sensor_channel_num= 0;
    Omnik_Inverter_Event= sAW3485DataReadCmd;;
}
break;

c ase sAW3485DataReadCmd:
AW3485_Cmd_Send((U8* )AW3485_OR_AW3485Y_Command);
if(Rev_Sensor_uart1_data(0xFF)> = 9)
{
    //地址和功能码都正确
    if((RS422_RX_Buffer[0]= = 0xFF)&&(RS422_RX_Buffer[1]= = 0x04))
    {
        wifi_status_flag|= bit6;
        //写入温度
        temp_da= RS422_RX_Buffer[4]+ (((unsigned long)RS422_RX_Buffer[3])< < 8);
```

```c
        temp_sa= (temp_da-4000);
        * ((unsigned long * )(&WIFI_DATA_TEMP_Buffer[17]))= temp_sa;
        //写入湿度
        WIFI_DATA_TEMP_Buffer[21]= RS422_RX_Buffer[6];
        WIFI_DATA_TEMP_Buffer[22]= RS422_RX_Buffer[5];
        WIFI_DATA_TEMP_Buffer[23]= 0x00;
        WIFI_DATA_TEMP_Buffer[24]= 0x00;
    }
    Omnik_Inverter_Event= sOmnikWifiIPSTCPCmd;
    Omnik_Inverter_Cmd_Count= 0; //逆变器命令错误计数清零
}
else
{
    Omnik_Inverter_Cmd_Count+ + ;
    if(Omnik_Inverter_Cmd_Count> 4)
    {
        wifi_status_flag&= ~bit6;
        Omnik_Inverter_Cmd_Count= 0;
        if(wifi_status_flag&bit5)
            {
                Omnik_Inverter_Event= sOmnikWifiIPSTCPCmd;
            }
            else
            {
                Omnik_Inverter_Event= sOmnikInverterErrorEvent;
            }
    }
}
break;

case sOmnikWifiIPSTCPCmd:
# ifdef DEBUG
    delay_second(2);
    Send_uart2_str("\r\n
Sensor_Time300S_Event_Dispose::sOmnikWifiIPSTCPCmd",1);
    delay_second(2);
# endif
//link 闪烁
led_flashes_flag&= ~bit2; //g
led_flashes_flag|= bit3; //g
WIFI_DATA_TEMP_Buffer[0]= 0x20;
if((wifi_status_flag&bit5)||(wifi_status_flag&bit6))
{
    # ifdef DEBUG
```

```
            delay_second(2);
            Send_uart2_str("\r\n
Sensor_Time300S_Event_Dispose::sOmnikWifiIPSTCPCmd:SEND INVERTER DATA",1);
            delay_second(2);
        # endif
        //发送逆变器数据 选择 TCP_B 发送
        Send_Packet_BySocket();
    }
    else
    {
        # ifdef DEBUG
            delay_second(2);
            Send_uart2_str("\r\n
Sensor_Time300S_Event_Dispose::sOmnikWifiIPSTCPCmd:SEND NO DATA",1);
            delay_second(2);
        # endif
        Send_Abnormal_PacketB((U8* )no_inverter_data,0xF0);
    }
    loop_i= Rev_uart0_data((char* )tcpb_send_ok,0,500);
    if(loop_i= = 0x01)
    {
        Omnik_Wifi_Cmd_Count= 0; //wifi 命令错误计数清零
        Omnik_Inverter_Event= sOminkServerCmdTimeOut;
    }
    else
    {
        //Omnik wifi 事件异常处理
        Wifi_Cmd_Error_Dispose(sOmnikWifiIPSTCPCmd);
    }
    break;

    case sOminkServerCmdTimeOut:
    if(TCPB_ServerCmd_Timeout= = 0)
    {
        # ifdef DEBUG
            delay_second(2);
            Send_uart2_str("\r\n
Sensor_Time300S_Event_Dispose::TCPB_ServerCmd_Timeout",1);
            delay_second(2);
        # endif
        Wifi_Timeout_Enable&= ~bit2;
        Omnik_Inverter_Event= sOminkWifiHFCLOSECmd;
    }
    else
```

```
        {
            Omnik_Inverter_Event= sOminkServerCmdTimeOut;
        }
        break;

        case sOminkWifiHFCLOSECmd:
        # ifdef DEBUG
            delay_second(2);
            Send_uart2_str("\r\n
Sensor_Time300S_Event_Dispose::TCPB_ServerCmd_Timeout",1);
            delay_second(2);
        # endif
        //发送 AT+ TCPDIS 命令
        Send_uart0_str((U8* )send_tcpdis_command,1);
    Rev_uart0_data((char* )command_reback_ok,(char* )error_reback_ok,100);
        if(Rev_uart0_data((char* )command_reback_ok,0,100))
        {
            collect_interval_10ms= 6000* flash_a_property.inter_time; //重新设
定 5min 发送一次逆变器数据
        Omnik_Wifi_Cmd_Count= 0; //wifi 命令错误计数清零
        Omnik_Inverter_Event= sOmnikNullEvent;
        Time_Event_States= sNullTimeEvent;
        }
        //link on
        led_flashes_flag&= ～bit3;
        led_flashes_flag|= bit2;
        //有逆变器连接
        if(wifi_status_flag&bit4)
        {
            //rs485_led on
            led_flashes_flag&= ～bit5;
            led_flashes_flag|= bit4;
        }
        else
        {
            //rs485_led off
            led_flashes_flag&= ～bit5;
            led_flashes_flag&= ～bit4;
        }
        break;

        case sOmnikInverterErrorEvent:
        collect_interval_10ms= 6000* flash_a_property.inter_time; //重新设定
5min 发送一次逆变器数据
```

```
        Omnik_Wifi_Cmd_Count= 0; //wifi 命令错误计数清零
        Omnik_Inverter_Event= sOmnikNullEvent;
        Time_Event_States= sNullTimeEvent;
        break;

        default:
        //有逆变器连接
        if(wifi_status_flag&bit4)
        {
            //rs485_led on
            led_flashes_flag&= ~bit5;
            led_flashes_flag|= bit4;
        }
        else
        {
            //rs485_led off
            led_flashes_flag&= ~bit5;
            led_flashes_flag&= ~bit4;
        }
        collect_interval_10ms= 6000* flash_a_property.inter_time; //重新设定
5min 发送一次逆变器数据
        Omnik_Inverter_Event= sOmnikNullEvent; //释放事件标识
        Time_Event_States= sNullTimeEvent; //释放时间标志
        break;
    }
    return 0;
}
```

【归纳总结】

　　通过本学习情境的学习，大家掌握了系统感知层的硬件设计和软件设计，各部分硬件电路的设计方法和功能，瑞萨单片机开发环境的使用，以及单片机采集数据的方法，对于传输层的处理和设计将在下一个学习情境详细阐述。

【练习与实训】

一、习题

1. 简述瑞萨单片机的优点。
2. 使用 HEW 开发环境进行瑞萨单片机的串口调试。
3. 简述瑞萨单片机底层寄存器的配置方法。

二、实训

　　智能家居系统可以实现家居环境监测、智能家电自动控制、安防系统与报警、远程监控等功能，它通过由无线传感模块组成的无线网络，采集室内温度、湿度和光照度，实现燃气与烟雾探测、入侵探测、门窗防撬、紧急求助报警等功能，并将采集的数据通过智能家居网关传输到服务器端显示出来。模拟的家电设备控制系统主要功能如图2-2-31所示。简述该系统如何实现家居监控功能。

图 2-2-31　智能家居系统功能结构

学习情境三

系统传输层设计

Chapter 03

【任务分析】

基于物联网的太阳能光伏组件监控系统，采用网关实现实时监测模块采集数据的发送和接收。温度传感器、光照传感器、风速传感器的数据信息都是直接传递到网关，由网关发送传递到服务器，服务器则实时更新其实时数据信息表，实时转移和更新其历史数据信息。

基于数据采集模块中的无线传感器网络组成自组织网络，各数据采集模块的控制命令与采集的数据，沿着其他传感器节点逐条地进行传输，经过多条路由到汇聚节点——网关（中继接受传输器），最后通过有线以太网或 WiFi、3G 等无线通信方式送达监控中心，系统模型如图 3-0-1 所示。

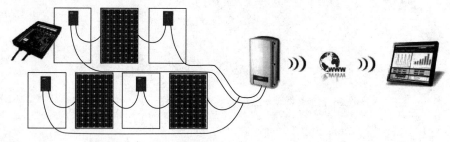

图 3-0-1　太阳能光伏组件监控系统模型

在系统传输层部分主要完成数据的上传，它将获取到的光伏组件的电压、电流、温度、防盗报警脉冲信号及掉电监测电压信号的数据通过 WiFi 进行上传。

一、任务描述

本监控系统采用网关实现实时监测模块采集数据的发送和接收。温度传感器、光照传感器、风速传感器的数据信息都是直接传递到网关，由网关发送传递到服务器，服务器则实时更新其实时数据信息表，实时转移和更新其历史数据信息。

在服务器需要调用电板数据信息时，服务器向网关提出数据申请，而该请求又由网关传递到逆变器，逆变器进行分析后，再向串设备发送请求，串设备再发送请求给电板设备，包含多个电板信息数据的数据包由电板向串设备传递，再进一步传递到逆变器，从而发送到网关，由网关根据 IP 地址发送传递给服务器，从而使服务器获取电板的信息数据，实时更新电板的实时信息表，而电板的历史数据信息表也在不断地更新，数据也在不断地增加。

二、需求分析

网关安装在太阳能组件（矩）阵区域附近，接收传输各（矩）阵点传来的单频无线数字信号。每个网关只有一个频道，只接收在固定频率下的无线信号；网关应满足在每秒接收传输 10 个数据的能力，并把接收传输的数据处理后进行传输；网关的传输可采用有线以太网或 WiFi/GPRS/3G 等无线传输形式，其供电来自太阳能发电，并带有自身的电能储备系统用于在夜间或太阳能无法供电的状态，应满足在温度－40～85℃、湿度＜90％的环境下工作；网关中的存储设备为 SD 卡，SD 卡支持热插拔，这样实现了数据的共享，可以随时提取数据存储记录。

任务一　通信协议设计与实现

一、通信协议介绍

（一）TCP/IP 协议

TCP/IP 是 Transmission Control Protocol/Internet Protocol 的简写，中译名为传输控制协议/因特网互联协议，又名网络通信协议，是 Internet 最基本的协议、Internet 国际互联网络的基础，由网络层的 IP 协议和传输层的 TCP 协议组成。TCP/IP 定义了电子设备如何连入因特网，以及数据如何在它们之间传输的标准。协议采用了 4 层的层级结构，每一层都呼叫它的下一层所提供的协议来完成自己的需求。通俗而言：TCP 负责发现传输的问题，一旦有问题就会发出信号，要求重新传输，直到所有数据安全正确地传输到目的地。而 IP 是给因特网的每一台联网设备规定一个地址。

（二）TCP/IP 协议参考模型

TCP/IP 参考模型是首先由 ARPANET 所使用的网络体系结构。这个体系结构在它的两个主要协议出现以后被称为 TCP/IP 参考模型（TCP/IP Reference Model）。这一网络协议共分为四层：网络访问层、互联网层、传输层和应用层，如图 3-1-1 所示。

网络访问层（Network Access Layer）在 TCP/IP 参考模型中并没有详细描述，只是指出主机必须使用某种协议与网络相连接。

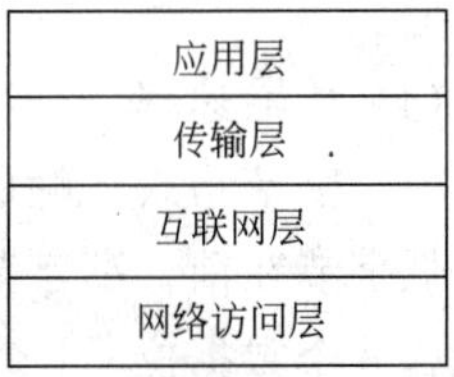

互联网层（Internet Layer）是整个体系结构的关键部分，其功能是使主机可以把分组发往任何网络，并使分组独立地传向目标。这些分组可能经由不同的网络，到达的

| 应用层 |
| 传输层 |
| 互联网层 |
| 网络访问层 |

图 3-1-1　TCP/IP 参考模型

顺序和发送的顺序也可能不同。高层如果需要顺序收发，那么就必须自行处理对分组的排序。互联网层使用因特网协议（Internet Protocol，IP）。TCP/IP 参考模型的互联网层和 OSI 参考模型的网络层在功能上非常相似。

传输层（Tramsport Layer）使源端和目的端机器上的对等实体可以进行会话。在这一层定义了两个端到端的协议：传输控制协议（Transmission Control Protocol，TCP）和用户数据报协议（User Datagram Protocol，UDP）。TCP 是面向连接的协议，它提供可靠的报文传输和对上层应用的连接服务。为此，除了基本的数据传输外，它还有可靠性保证、流量控制、多路复用、优先权和安全性控制等功能。UDP 是面向无连接的不可靠传输的协议，主要用于不需要 TCP 的排序和流量控制等功能的应用程序。

应用层（Application Layer）包含所有的高层协议，包括：虚拟终端协议（TELecommunications NETwork，TELNET）、文件传输协议（File Transfer Protocol，FTP）、电子邮件传输协议（Simple Mail Transfer Protocol，SMTP）、域名服务（Domain Name Service，DNS）、网上新闻传输协议（Net News Transfer Protocol，NNTP）和超文本传送协议（HyperText Transfer Protocol，HTTP）等。TELNET 允许一台机器上的用户登录到远程机器上，并进行工作；FTP 提供有效地将文件从一台机器上移到另一台机器上的方法；SMTP 用于电子邮件的收发；DNS 用于把主机名映射到网络地址；NNTP 用于新闻的发布、检索和获取；HTTP 用于在 WWW 上获取主页。

（三）通信帧格式

1. TTL 传输

（1）传输次序　所有多字节数据域均先传送低位字节，后传送高位字节。

（2）传输响应　每次通信发出命令帧后，应答帧的要求做出响应。

① 二进制位传送时间：$Tbit = 1 / 波特率（s）$；

② 字节传送时间：$Tbyte = 11 Tbit$；

③ 延迟时间：$Td = 1 Tbyte$；

④ 帧传输时间：$Tframe = 帧字节数 \times Tbyte$；

⑤ 最长响应时间：$Tr = 50ms + 30 \times Tbyte$；

⑥ 实际帧传输时间：$Tfba = 实际帧字节长度 \times Tbyte$；

⑦ 字节间的停顿时间：$Tb <= 1 Tbyte$；

⑧ 重复通信次数：I。

（3）差错控制　接收方检测到校验和，奇偶校验或格式出错，均放弃该信息帧，不予响应。

（4）传输速率　标准速率：38400bps。

（5）字节格式　帧的基本单元为 8 位字节。链路层传输顺序为低位在前，高位在后；低字节在前，高字节在后的字节传输按异步方式进行，基本通信速率为 38400bps，它包含 8 个数据位、1 个起始位"0"、1 个偶校验位 P 和 1 个停止位"1"，字节格式见表 3-1-1。

表 3-1-1　字节格式

0	D0	D1	D2	D3	D4	D5	D6	D7	P	1
起始位	8 个数据位								偶校验位	停止位

2. 网络传输

PC 机与网关连接的方式如下:

① PC 机为 TCP Client,网关为 TCP Server。

② PC 通过集中器向某一采集模块查询采集点的信息,得到此采集点信息后,向第二个点查询。如果某个点超过 300ms 无响应,则认为采集点有问题。

3. 帧格式 (表 3-1-2)

表 3-1-2　帧格式

名称	代码	字节	备注
起始字符	68H	1	固定报文头
数据域长	L	1	
控制码	C1	1	控制域
控制码	C2	1	
目的地址	DA	4	地址域
源地址	SA	4	地址域
数据域	DATA	L	数据
校验和	CS	1	帧校验和
结束字符	16H	1	

(1) 帧起始符 (68H)　表示一帧信息的开始。

(2) 数据帧长度 L　L 为整个数据域的字节数,用十六进制表示。L 小于 25。

(3) 控制码　控制码 C1 格式见表 3-1-3。

表 3-1-3　控制码 C1 格式

BIT 4-7	BIT 1-3	BIT0
协议版本号	保留	帧传输方向

协议版本号:本协议版本号为 4。

帧传输方向:"0" 帧下行方向 (中央监控到采集点),"1" 帧上行方向 (采集点到中央监控)。

控制码 C2 的格式见表 3-1-4。

表 3-1-4　控制码 C2 格式

BIT 7	BIT 6	BIT0~5
0:发送命令 1:应答命令	0:正确 1:出错	功能定义

BIT0～5：功能定义见表 3-1-5。

表 3-1-5　BIT0～5 功能定义

值	功能名称	备　注
0x01	读数据	
0x03	修改 id	
0x04	读取 id	
0x05	修改无线频率	无应答。如果是广播修改,无线终端会比对最近一次通信时的中继 id 是否与修改频率的中继 id 号相同,只有相同的情况下才修改
0x06	修改无线发射功率	
0x07	修改无线传输速率	
0x08	修改能量值	
0x11	读 AD 寄存器值	用于出厂时校准
0x12	读电流电压偏移设置	用于出厂时校准
0x13	写电流电压偏移设置	用于出厂时校准
其他	保留	

（4）地址域　地址域由 4 个字节组成，每个字节为 16 进制码格式。目的地址：本帧的要发送的目的地址；源地址：发出本帧的地址。

（5）数据域　数据域的数据根据各个控制码有各自的定义，长度为变长。

（6）校验码 CS　一个字节，从帧长度开始到校验码之前的所有字节进行二进制算术累加，不计超过 FFH 的溢出值。

（7）结束符（16H）　标识一帧信息的结束。

（四）应用层

1. 读采集器数据

（1）读采集器数据请求帧，格式如下：

68H	L	C1	C2	DA0	…	DA3	SA0	…	SA3	CS	16H

L＝00H；

C1 ＝40H；

C2＝01H；

DATA 数据域为空。

（2）正常应答帧，格式如下：

68H	L	C1	C2	DA0	…	DA3	SA0	…	SA3	Data0	…	DataL	CS	16H

L＝15H（数据格式 S＝01H）；

C1 ＝41H；

C2＝81H；

数据格式（S）为 0x01 的 DATA 数据域见表 3-1-6。

表 3-1-6　DATA 数据域

1	2	3	4	5	6	7	8	9	10	11	12	13	14	15	16	17	18	19	20	21
S	C0	C1	C0	C1	U0	U1	I0	I1	P0	P1	E0	E1	E2	E3	E0	E1	E2	E3	T0	T1
0x01	芯片温度		盒子温度		电压		电流		功率		累计能量				开机累计能量				开机时间	

（3）错误应答帧，格式如下：

68H	L	C1	C2	DA0	···	DA3	SA0	···	SA3	Err	CS	16H

L＝01H；

C1 ＝41H；

C2＝C1H；

Err 数据域为错误类型。

2. 修改 id

（1）发送修改 id 帧，格式如下。

68H	L	C1	C2	DA0	···	DA3	SA0	···	SA3	Data	CS	16H

L＝06H；

C1＝40H；

C2＝03H。

（2）DATA 数据域格式如下。

NA0	NA1	NA2	NA3	55H	AAH

NA0～NA3 为新的 id；

55H，AAH 为安全码。

（3）正常应答帧，格式如下。

68H	L	C1	C2	DA0	···	DA3	SA0	···	SA3	CS	16H

L＝00H；

C1 ＝41H；

C2＝83H；

DATA 数据域为空。

（4）错误应答帧，格式如下。

68H	L	C1	C2	DA0	···	DA3	SA0	···	SA3	Err	CS	16H

L＝01H；

C1 ＝41H；

C2＝C3H；

Err 数据域为错误类型。

3. 读取 id

（1）发送读取 id 请求帧，格式如下。

68H	L	C1	C2	DA0	...	DA3	SA0	...	SA3	CS	16H

L＝00H；

C1＝40H；

C2＝04H；

DA0～DA3，SA0～SA3 都为 FFH，则读取的是中继的 id；

SA0～SA3 不为 FFH，则读取的是无线终端的 id，中继下只能有一个无线终端，DATA 数据域为空。

（2）正常应答帧，格式如下。

68H	L	C1	C2	DA0	...	DA3	SA0	...	SA3	CS	16H

L＝00H；

C1＝41H；

C2＝84H；

DATA 数据域为空。

（3）错误应答帧，格式如下。

68H	L	C1	C2	DA0	...	DA3	SA0	...	SA3	Err	CS	16H

L＝01H；

C1＝41H；

C2＝C4H；

Err 数据域为错误类型。

注意：读取 id 时中继下只能有 1 个无线终端，否则会出错。

4. 修改频率

（1）广播修改频率请求帧（不需要应答），格式如下。

68H	L	C1	C2	DA0	...	DA3	SA0	...	SA3	Data	CS	16H

L＝04H；

C1＝40H；

C2＝05H。

（2）DATA 数据域，格式如下。

频率代码	频率代码	55H	AAH

频率代码为 1～9 的数字见频率代码表，55H、AAH 为安全码。

注意：修改无线终端频率时，如果是广播修改，无线终端会比对最近一次通信时的中继 id 是否与修改频率的 id 号相同，只有相同的情况下才修改。

5. 修改无线发射功率

（1）发送修改无线发射功率帧（不需要应答），格式如下：

68H	L	C1	C2	DA0	⋯	DA3	SA0	⋯	SA3	Data	CS	16H

L＝04H；

C1＝40H；

C2＝06H；

（2）DATA 数据域，格式如下。

无线发射功率 1	无线发射功率 2	55H	AAH

无线发射功率 55H，AAH 为安全码。

注意：修改无线终端发射功率时，如果是广播修改，无线终端会比对最近一次通信时的中继 id 是否与修改频率的 id 号相同，只有相同的情况下才修改。

6. 修改无线速率

（1）发送修改无线速率帧（不需要应答），格式如下。

68H	L	C1	C2	DA0	⋯	DA3	SA0	⋯	SA3	Data	CS	16H

L＝04H；

C1＝40H；

C2＝07H。

（2）DATA 数据域，格式如下。

无线速率 1	无线速率 2	55H	AAH

无线速率 55H，AAH 为安全码。

注意：修改无线终端速率时，如果是广播修改，无线终端会比对最近一次通信时的中继 id 是否与修改频率的 id 号相同，只有相同的情况下才修改。

7. 读取 AD 寄存器值

（1）发送读取 AD 寄存器值请求帧，格式如下。

68H	L	C1	C2	DA0	⋯	DA3	SA0	⋯	SA3	CS	16H

L＝00H；

C1＝40H；

C2＝11H；

DATA 数据域为空。

（2）正常应答帧，格式如下。

68H	L	C1	C2	DA0	⋯	DA3	SA0	⋯	SA3	Data0	⋯	DataL	CS	16H

L＝08H；

C1＝41H；

C2＝91H。

（3）DATA 数据域，格式如下。

I0	I1	I2	I3	U0	U1	U2	U3
电流 AD 值				电压 AD 值			

（4）错误应答帧，格式如下。

68H	L	C1	C2	DA0	…	DA3	SA0	…	SA3	Err	CS	16H

L＝01H；

C1＝41H；

C2＝D1H；

Err 数据域为错误类型。

8. 读取电流电压偏移设置值

（1）发送读取电流电压偏移设置值请求帧，格式如下。

68H	L	C1	C2	DA0	…	DA3	SA0	…	SA3	CS	16H

L＝00H；

C1＝40H；

C2＝12H；

DATA 数据域为空。

（2）正常应答帧，格式如下。

68H	L	C1	C2	DA0	…	DA3	SA0	…	SA3	Data0	…	DataL	CS	16H

L＝16；

C1＝41H；

C2＝92H。

（3）DATA 数据域，格式如下。

I00	I01	I02	I03	I10	I11	I12	I13	U00	U01	U02	U03	U10	U11	U12	U13
电流 I0 值				电流 I1 值				电压 U0 值				电压 U1			

（4）错误应答帧，格式如下。

68H	L	C1	C2	DA0	…	DA3	SA0	…	SA3	Err	CS	16H

L＝01H；

C1＝41H；

C2＝D2H；

Err 数据域为错误类型。

9. 写电流电压偏移设置值

（1）发送写电流电压偏移设置值帧，格式如下。

68H	L	C1	C2	DA0	⋯	DA3	SA0	⋯	SA3	Data0	⋯	DataL	CS	16H

L＝17；

C1 ＝40H；

C2＝13H；

State：bit0——电流 I0 值；

bit1——电流 I1 值；

bit2——电流 U0 值；

bit3——电流 U1 值；

1 表示修改，0 表示不修改。

（2）DATA 数据域，格式如下。

State	I00	I01	I02	I03	I10	I11	I12	I13	U00	U01	U02	U03	U10	U11	U12	U13
表明写哪个	电流 I0 值				电流 I1 值				电压 U0 值				电压 U1			

（3）正常应答帧，格式如下。

68H	L	C1	C2	DA0	⋯	DA3	SA0	⋯	SA3	CS	16H

L＝00H；

C1 ＝41H；

C2＝93H；

DATA 数据域为空。

（4）错误应答帧，格式如下。

68H	L	C1	C2	DA0	⋯	DA3	SA0	⋯	SA3	Err	CS	16H

L＝01H；

C1 ＝41H；

C2＝D3H；

Err 数据域为错误类型。

10. 修改能量值

（1）发送修改能量帧，格式如下。

68H	L	C1	C2	DA0	⋯	DA3	SA0	⋯	SA3	Data	CS	16H

L＝08H；

C1 ＝40H；

C2=08H。

（2）DATA 数据域，格式如下。

E0	E1	E2	E3	E0	E1	E2	E3
累计能量值				开机能量值			

（3）正常应答帧，格式如下。

68H	L	C1	C2	DA0	…	DA3	SA0	…	SA3	CS	16H

L=00H；

C1 =41H；

C2=88H；

DATA 数据域为空。

（4）错误应答帧，格式如下。

68H	L	C1	C2	DA0	…	DA3	SA0	…	SA3	Err	CS	16H

L=01H；

C1 =41H；

C2=C8H；

Err 数据域为错误类型。

（五）数据域格式说明

1. 数据值说明 （表 3-1-7）

表 3-1-7　数据值说明

名称	传输值	数据值	字节	单位	范围	转换方法	传输方向	举例
温度	××××	±××.××	2	℃	−50.00～ 150.00	数据值=(传输值− 27315)/100 (传输值为开氏度 ×100)	先传低字节,再传高字节	(78H,56H) 5678H 表示−51.79℃
电压	××××	××.×××	2	V	0.000～ 40.000	数据值= 传输值/1000		(23H,01H) 0123H 表示 0.291V
电流	××××	××.×××	2	A	0.000～ 10.000	数据值= 传输值/1000		(23H,01H) 0123H 表示 0.291A
功率	××××	××.××	2	W	0.00～ 600.00	数据值= 传输值/100		(9DH,08H) 089DH 表示 22.05W
累计能量	×××× ××××	××××× ×××××	4	W·h	0～ 4294967295	数据值=传输值		(78H,56H,34H,12H) 12345678H 表示 305419896W·h
开机能量	×××× ××××	××××× ××.×××	4	W·h	0～ 4294967.295	数据值= 传输值/1000		(78H,56H,34H,12H) 12345678H 表示 305419.896W·h
时间	××××	××××	2	分	0～ 65535	数据值=传输值		(34H,12H) 1234H 表示 4660min

2. 发射速率表（表3-1-8）

表3-1-8 发射速率表

序号	速率代码	速率值	备注
1	00H	1200	
2	01H	2400	
3	02H	4800	
4	03H	9600	默认
5	04H	19200	
6	05H	38400	
7	06H	56000	
8	07H	57600	
9	08H	115200	
10	其他	9600	其他值时为默认9600

3. 错误代码Err表（表3-1-9）

表3-1-9 错误代码Err表

序号	错误号标识符	命令名称	
1	0x01	集中器地址报错	
2	0x02	命令格式错误	
3	0x03	通信错误	
4	0x04	安全码错误	
5	0x04～0x1F	保留	

4. 频率代码表（表3-1-10）

表3-1-10 频率代码表

序号	频率代码	频率值	频率值
1	ffH	中继频率	中继频率
2	00H	470.1MHz	433.1MHz
3	01H～feH	470.1MHz+频率代码×0.080MHz	433.1MHz+频率代码×0.080MHz

5. 地址码数据格式（表3-1-11）

表3-1-11 地址码数据格式

名称	传输值	字节	传输方向	举例
地址	A0A1A2A3	4	先传低字节,再传高字节	(12H、34H、56H、78H) 16进制地址为0x78563412 10进制地址为2018915346

地址码分配见表3-1-12。

表 3-1-12　地址码分配

序号	地址（10 进制）共 10 位	说明	备注
1	0 000 000 000	模块的初始地址	烧写程序后的地址
2	0 000 000 001～0 099 999 999	测试模块地址或者临时器件地址	
3	0 100 000 000～0 199 999 999	太阳能检测终端地址	
4	0 200 000 000～0 299 999 999	其他检测设备地址	
5	0 300 000 000～0 399 999 999	网关地址	
6	0 400 000 000～4 294 967 294	保留	留为以后扩展用
7	4 294 967 295	广播地址	

其他设备地址分配见表 3-1-13。

表 3-1-13　其他设备地址分配

序号	地址（10 进制）共 10 位	说明	备注
1	0 200 000 000～0 200 999 999	逆变器地址	
2	0 201 000 000～0 201 999 999	光照测量设备	
3	0 202 000 000～0 202 999 999	风测量设备	
4	0 203 000 000～0 203 999 999	温湿度传感器	
5	0 204 000 000～0 299 999 999	保留	留为以后扩展用

（六）实例说明

根据系统通信特点，基于 TTL 设计通信协议，该通信协议用于本系统中无线终端与网关，网关与 PC 的通讯协议。通过 TTL 传输，所有多字节数据域均先传送低位字节，后传送高位字节。每次通信发出命令帧后，应答帧的要求做出响应。接收方检测到校验和、奇偶校验或格式出错，均放弃该信息帧，不予响应。通信实例说明如下。

中继地址：

0	312	345	678

终端地址：

0	112	345	678

PC 发送：

68	00	40	01	4E	42	B2	06	4E	04	9E	12	8B	16
起始	长度	控制码		终端地址				中继地址				校验码	结束

正确应答：

68	15	41	81	4E	04	9E	12	4E	42	B2	06	01	78	56
起始	长度	控制码		中继地址				终端地址				格式	芯片温度	

盒子温度		电压		电流		功率		累计能量			
D1	6A	12	34	34	05	23	12	34	23	01	00

开机能量				开机时间		校验码	结束
56	78	00	00	45	00	4A	16

错误应答：

起始	长度	控制码	中继地址					终端地址				错误码	校验码	结束
68	01	41	C1	4E	04	9E	12	4E	42	B2	06	01	4E	16

二、通信硬件电路设计

通信模块由无线收发芯片 U6（SI4432）、晶振 XA3、切换开关 U7（UPG2214TK）、天线 P4 及外围的一些电容和电阻等组成，具体如图 3-1-2 所示。无线收发芯片 U6 的 1 脚与滤波电容 C54、滤波电容 C56、滤波电容 C57、滤波电容 C58、电源 VCC 连接，无线收发芯片 U6 的 2 脚与电感 L7、电容 C51 连接，电感 L7 与电阻 R31 连接，电阻 R31 的另一端与电源 VCC 连接，电容 C51 的另一端与电感 L5、电容 C55、电感 L8 连接，电阻 R32 的一端与电容 C55 的另一端、电感 L8 的另一端连接，电阻 R32 的另一端与地连接，电感 L5 的另一端与电容 C52、电感 L6 连接，电容 C52 的另一端与地连接，电感 L6 的另一端与电容 C48 连接，电容 C48 的另一端与切换开关 U7 的 3 脚连接，无线收发芯片 U5 的 3 脚与电感 L3、电容 C44 连接，电感 L3 的另一端与无线收发芯片 U5 的 4 脚、电容 C45 连接，电容 C45 的另一端与地连接，电容 C45 的另一端与切换开关 U7 的 1 脚连接，切换开关的 5 脚与电容 C47 连接，电容 C47 的另一端与电容 C50、电感 L4 连接，电容 C50 的另一端接地，电感 L4 的另一端与电容 C49、天线 P4 连接，电容 C49 的另一端接地，切换开关的 6 脚与无线收发芯片 U6 的 9 脚和电容 C43 连接，电容 C43 的另一端接地，切换开关的 4 脚与无线收发芯片 U6 的 8

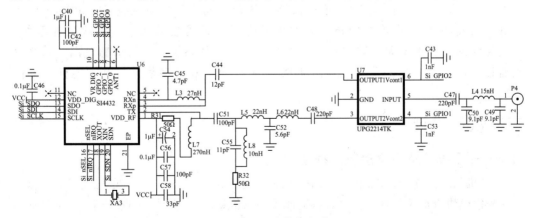

图 3-1-2　无线模块电路

脚和电容 C53 连接，电容 C53 的另一端接地，无线收发芯片 U6 的 7 脚与单片机 U3 的 32 脚连接，无线收发芯片 U6 的 13 脚与单片机 U3 的 31 脚连接，无线收发芯片 U6 的 14 脚与单片机 U3 的 30 脚连接，无线收发芯片 U6 的 15 脚与单片机 U3 的 29 脚连接，无线收发芯片 U6 的 16 脚与单片机 U3 的 28 脚连接，无线收发芯片 U6 的 17 脚与单片机 U3 的 27 脚连接，无线收发芯片 U6 的 20 脚与单片机 U3 的 26 脚连接，无线收发芯片 U6 的 18 脚与晶振 XA3 的一端连接，无线收发芯片 U6 的 19 脚与晶振 XA3 的另一端连接。无线收发芯片 U6 的 12 脚与电源 VCC 连接，滤波电容 C46 和 U6 的 12 脚相连，无线收发芯片 U6 的 10 脚与滤波电容 C40 和滤波电容 C42 连接，滤波电容 C40、C42 的另一端接地。

任务二　系统数据无线传输与接收

一、WiFi 模块介绍

SI4432 无线模块是采用 Silicon Laboratories SI4432 芯片制作的无线模块，可以工作在 433MHz 免费频段。早期生产的 V2 版本产品不太稳定，经过 SI 公司改进后，B1 版本产品的性能比较稳定，最大功率可以到 20dBm（100mw），接收灵敏度可以到 −121dBm。因其发射功率大，接收灵敏度高，可以传输到上千米的距离，素有"穿墙王"之称。它可以轻松穿越 4 层水泥楼，用于智能家居、无线点菜、工业遥控器等。它比 NRF905、CC1101 无线模块的距离远好几倍，具有很高的性价比。

Si4432 芯片是 Silicon Labs 公司推出的集成度高、低功耗、多频段的 EZRadio-PRO 系列无线收发芯片，其工作电压为 1.9～3.6V，20 引脚 QFN 封装（4mm×4mm），可工作在 315/433/868/915MHz 四个频段；内部集成分集式天线、功率放大器、唤醒定时器、数字调制解调器、64 字节的发送和接收数据 FIFO，以及可配置的 GPIO 等。

Si4432 的接收灵敏度达到 −120dB，可提供极佳的链路质量，在扩大传输范围的同时将功耗降至最低；最小滤波带宽达 8kHz，具有极佳的频道选择性；在 240～960MHz 频段内，不加功率放大器时的最大输出功率就可达 +20dBm，设计良好时收发距离最远可达 2km。Si4432 可适用于无线数据通信、无线遥控系统、小型无线网络、小型无线数据终端、无线抄表、门禁系统、无线遥感监测、水文气象监控、机器人控制、无线 RS485/RS232 数据通信等诸多领域，其功能框图如图 3-2-1 所示。

二、软件设计

（一）无线数据传输接收流程图

PC 机与网关连接，PC 机为 TCP Client，网关为 TCP Server。PC 机通过集中器向某一采集模块查询采集点的信息，得到此采集点信息后，向第二个点查询，其流程如图 3-2-2 所示。

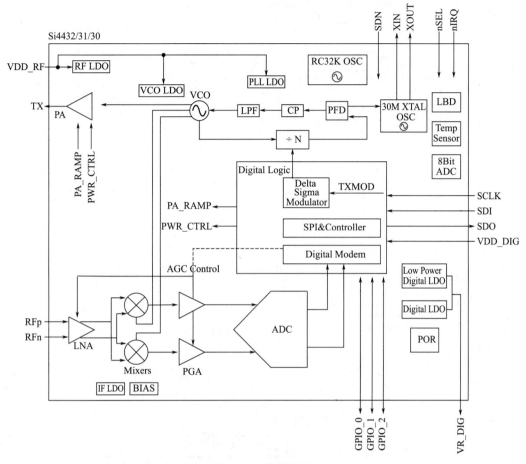

图 3-2-1　功能框图

（二）源代码

1. WiFi 模块初始化

WiFi 模块初始化主要包括以下功能：关闭 WiFi 的网口功能、查询/设置 Web 界面的 logo、DHCP 使能、广播默认口令查询、查询设置模块的 ID、查询/设置 FAPSTA（打开 STA AP 共存模式）、查询/设置 Web 界面默认语言设置、查询/设置 FNETP、查询/设置 串口波特率、使能网口上传数据、设置版本号、发送 AT＋RELD 命令。其源代码如下所示。

```
//-------------------------------------------------------------------------------------------------
// 函数：Wifi_Init
// 描述:初始化 wifi 模块:网络协议参数、串口参数、查询 wifi 模块的质量
//返回：//在 9600 上没有收到 wifi 的返回数据,则切换到 57600 上
//-------------------------------------------------------------------------------------------------
void Wifi_Init(U8 wifi_init_start)
{
  //查询/设置 wifi  AP 模式下的 SSID
```

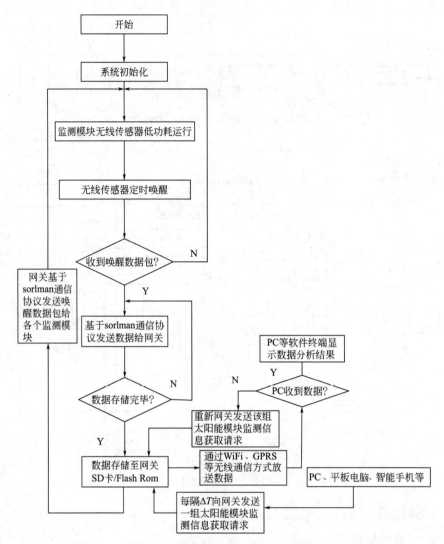

图 3-2-2　数据获取及上传处理流程图

```
if(Wifi_Wap_Set(wifi_init_start))
{
    Wifi_Ephy_OPEN();            //关闭 wifi 的网口功能
    Wifi_Logo_Set();             //查询/设置 web 界面的 logo
    Wifi_Dhcp_Set();             //DHCP 使能
    Wifi_Faswd_Set();            //广播默认口令查询
    Wifi_Wrmid_Set();            //查询设置模块的 ID
    Wifi_FAPSTA_Enable();        //查询/设置 FAPSTA(打开 STA AP 共存模式)
    Wifi_FLANG_Set();            //查询/设置 WEB 界面默认语言设置
    Wifi_FNETP_Set();            //查询/设置 FNETP
    Wifi_FBAUD_Set();            //查询/设置 串口波特率
    Wifi_FVEW_Set();             //使能网口上传数据
    Wifi_FYZV_Set();             //设置版本号
```

```
        if(wifi_init_start)
        {
            wifi_reload();        //发送 AT+ RELD 命令
        }
    }
}
//-------------------------------------------------------------------------
// 函数: Wifi_Ephy_OPEN
// 描述:关闭 wifi 的网口
// 返回:
//-------------------------------------------------------------------------
void Wifi_Ephy_OPEN(void)
{
    //查询 wifi 网口当前的状态
    if(! Wifi_Command_Dispose((U8 * ) send_ephy_command,(char * ) command_reback_
    on,100))
    {
      Wifi_Command_Dispose((U8 * ) set_ephy_command,(char * ) command_reback_ok,
      500);   //关闭网口
    }
}
//-------------------------------------------------------------------------
//函数:Wifi_Logo_Set
//功能:设置 logo 的值为空,web 设置界面不显示公司 logo
//返回:无
//-----------------------------------------------------------
U8 Wifi_Logo_Set(void)
{
    //查询 wifi AP 模式下的 LOGO 是否为 YZKJ 或者为空
    if(! Wifi_Command_Dispose((U8 * ) send_flogo_command,(char * ) command_reback
_none,100))
    {
        Wifi_Command_Dispose((U8 * ) set_flogo_command,(char * ) command_reback_
ok,500); //发送命令 设置 logo 默认为空
    }
    return 0;
}
//-------------------------------------------------------------------------
// 函数: Wifi_Dhcp_Set
// 描述:查询/使能 DHCP
// 返回:
//-------------------------------------------------------------------------
U8 Wifi_Dhcp_Set(void)
```

```
    {
        //查询 DHCP 是否使能
        Send_uart0_str((U8 *)get_dhcp_command,1);
        if(Rev_uart0_data(0,(char *)dhcp_reback_ok,100))
        {
            return 0;
        }
        //发送命令 使能 DHCP
        Send_uart0_str((U8 *)set_dhcp_command,1);
        Rev_uart0_data((char *)command_reback_ok,0,2000);
        //恢复出厂标志位置 1
        wifi_reset_flag|= bit1;
        return 0;
    }
    /*-----------------------------------------------------------------------------------------------
    // 函数: Wifi_Faswd_Set
    // 描述:查询/广播默认口令
    // 返回:Wifi_Faswd_Set();
    //-----------------------------------------------------------------------------------------------
    U8 Wifi_Faswd_Set(void)
    {
        //查询广播默认口令
        if(! Wifi_Command_Dispose((U8 *)send_faswd_command,(char *)faswd_reback_
default,100))
        {
            Wifi_Command_Dispose((U8 *)set_faswd_command,(char *)command_reback_
ok,2000);
        }
        return 0;
    }
    //-----------------------------------------------------------------------------------------------
    // 函数: Wifi_Wrmid_Set
    // 描述:查询/设置 WIFI ID
    // 返回:TBC
    //-----------------------------------------------------------------------------------------------
    U8 Wifi_Wrmid_Set(void)
    {
        U8 reback_buf[11]= {0};
        memset(WIRELESS_TX_Buffer,'\0',BUFFERSIZE);
        //转换模块的序列号为字符
        itoa(flash_a_property.da_id,reback_buf,10);
        reback_buf[10]= 0;
        WIRELESS_TX_Buffer[0]= '+';
        WIRELESS_TX_Buffer[1]= 'o';
```

```
        WIRELESS_TX_Buffer[2]= 'k';
        WIRELESS_TX_Buffer[3]= '= ';
        WIRELESS_TX_Buffer[4]= 0;
        //写入序列号
        strcat((char * )WIRELESS_TX_Buffer,(char * )reback_buf);
        //写入换行
        strcat((char * )WIRELESS_TX_Buffer,"\r");
        //查询广播默认口令
        if(! Wifi_Command_Dispose((U8 * ) send_mid_command,(char * ) WIRELESS_TX_
Buffer,100))
        {
            memset(WIRELESS_TX_Buffer,'\0',BUFFERSIZE);
            strcpy((char * )WIRELESS_TX_Buffer,(char * )set_wrmid_command);
            //写入序列号
            strcat((char * )WIRELESS_TX_Buffer,(char * )reback_buf);
            //写入换行
            strcat((char * )WIRELESS_TX_Buffer,"\r");
          Wifi_Command_Dispose((U8 * )WIRELESS_TX_Buffer,(char * )command_reback_
ok,2000);
        }
        return 0;
    }
    //----------------------------------------------------------------------------------------
    //函数:Wifi_FAPSTA_Enable
    //功能:查询/设置 FAPSTA(打开 STA AP 共存模式)
    //参数描述:空
    //返回:1
    //----------------------------------------------------------------------------------------
    U8 Wifi_FAPSTA_Enable(void)
    {
        //查询模块的状态
        if(! Wifi_Command_Dispose((U8 * ) send_fapsta_command,(char * ) command_
reback_on,100))
        {
            //发送命令 设置 logo 默认为空
            Wifi_Command_Dispose((U8 * )set_fapsta_command,(char * )command_reback_
ok,1000);
        }
        return 1;
    }
    //----------------------------------------------------------------------------------------
    //函数:Wifi_FLANG_Set
    //功能:设置 WEB 界面的默认语言为 English
    //参数描述:无
```

```
//返回:无
//--------------------------------------------------------------------------------
U8 Wifi_FLANG_Set(void)
{
    //查询模块的状态
    if(! Wifi_Command_Dispose((U8 * ) send_flang_command,(char * )flang_reback_
en,100))
    {
        //发送命令 设置logo默认为空
        Wifi_Command_Dispose((U8 * ) set_flang_command,(char * )command_reback_
ok,1000);
    }
    return 1;
}
//--------------------------------------------------------------------------------
//函数:Wifi_FNETP_Set
//功能:数据透传模式转换到命令模式
//参数描述:1代表 NETP 设置,0代表 FNETP 设置
//返回:成功 1. 失败 0
//--------------------------------------------------------------------------------
U8 Wifi_FNETP_Set(void)
{
    //如果 模块处于 AP 模式,rev_flag 为 0 则不进行任何操作,否则进行操作
    if(! Wifi_Command_Dispose((U8 * ) send_fnetp_command,(char * )fnetp_reback_
ok,100))
    {
    //发送命令 设置logo默认为空
    Wifi_Command_Dispose((U8 * )set_fnetp_command,(char * )command_reback_ok,1000);
    }
return 1;
}
//--------------------------------------------------------------------------------
//函数: Wifi_FBAUD_Set
//功能: 查询/设置 串口波特率
//参数描述:空
//返回:1
//--------------------------------------------------------------------------------
U8 Wifi_FBAUD_Set(void)
{
    //如果 模块处于 AP 模式,rev_flag 为 0 则不进行任何操作,否则进行操作
    if(! Wifi_Command_Dispose((U8 * ) send_fbaud_command,(char * )fbaud_reback_
ok,100))
    {
        //发送命令 设置logo默认为空
```

```
          Wifi_Command_Dispose((U8 *) set_fbaud_command,(char *) command_reback_
ok,1000);
        }
        return 1;
    }
    //-----------------------------------------------------------------------------------
    //函数: Wifi_FVEW_Set
    //功能: 使能网口上传数据
    //参数描述:无
    //返回:无
    //-----------------------------------------------------------------------------------
    U8 Wifi_FVEW_Set(void)
    {
        //查询模块的状态
        Send_uart0_str((U8 *) send_fvew_command,1);
        if(Rev_uart0_data((char *) fvew_reback_en,0,100))
        {
            return 0;
        }
        //发送命令
        Send_uart0_str((U8 *) set_fvew_command,1);
        Rev_uart0_data((char *) command_reback_ok,0,1000);
        //恢复出厂标志位置1
        wifi_reset_flag|= bit1;
        return 1;
    }
    //-----------------------------------------------------------------------------------
    //函数: Wifi_FYZV_Set
    //功能:wifi 版本信息号显示
    //参数描述:无
    //返回:1
    //-----------------------------------------------------------------------------------
    U8 Wifi_FYZV_Set(void)
    {
        //如果 模块处于 AP 模式,rev_flag 为 0 则不进行任何操作,否则进行操作
        if(! Wifi_Command_Dispose((U8 *) get_fyzv_command,(char *) fyzv_reback_ok,200))
        {
            //发送命令 设置 logo 默认为空
            Wifi_Command_Dispose((U8 *) set_fyzv_command,(char *) command_reback_
ok,1000);
        }
        return 1;
    }
    //-----------------------------------------------------------------------------------
```

```
// 函数: wifi_reload
// 描述: 发送 AT+ RELD 命令
// 返回:无
//----------------------------------------------------------------------------------------------------
void wifi_reload(void)
{
    //WIFI_NRELOAD_PIN= = 0 > 4s,复位 wifi 模块
    WIFI_NRELOAD_PIN= 0;
    delay_second(40);
    WIFI_NRELOAD_PIN= 1;
    # ifdef DEBUG
    Send_uart2_str("\r\n!!! wifi reload ok!",1);
    # endif
}
```

2. 数据发送和接收

```
//----------------------------------------------------------------------------------------------------
// 函数: DTU_Wifi_Event
// 描述:对 Wifi 数据的接收及解析处理
// 返回:0
//----------------------------------------------------------------------------------------------------
U8 DTU_Wifi_Event(void)
{
    char const * input;
    U8 loop_ctl= 0;
    U8 check_sum= 0;
    //有命令正在发送,或者有数据待处理 则不处理接收到的 SERVER 命令
    # ifdef DEBUG
        Send_uart2_str("\r\n Wifi_Server_Cmd_Analyze \r\n",1);
    # endif
    input= (char const * )WIRELESS_DATA_RX_Buffer;
    Wifi_Connect_Link= 0;
    //查找第+
    while( * input! = '+ ')
    {
        if(( * input= = ':')||( * input= = 0))
        {
            memset(WIRELESS_DATA_RX_Buffer,'\0',BUFFERSIZE);    //清空
            return 0;
        }
        input+ + ;
    }
    input+ + ;
    //校验包头
if(((( * input)|0x20)! = 'i')||(( * (input+ 1)|0x20)! = 'p')||(( * (input+ 2)|
```

```
0x20)! = 'd'))
        {
            memset(WIRELESS_DATA_RX_Buffer,'\0',BUFFERSIZE);//清空
            return 0;
        }
        //查找':'
        while( * input! = ':')
        {
            if(( * input= = 0))
            {
                memset(WIRELESS_DATA_RX_Buffer,'\0',BUFFERSIZE);//清空
                return 0;
            }
            input+ + ;
        }
        //确定数据来自哪个连接
        if((( * (input-1))|0x20) = = 'a')
        {
            Wifi_Connect_Link= 0x01;   //收到来自 TCPA 的数据(CLIENT 端)
            //rs485_led 闪烁
            led_flashes_flag&= ~bit4; //g
            led_flashes_flag|= bit5; //g
            //link_led 闪烁
            //led_flashes_flag&= ~bit2; //g
            led_flashes_flag|= bit3; //g
        }
        else if((( * (input-1))|0x20) = = 'b')
        {
            Wifi_Connect_Link= 0x02;   //收到来自 TCPB 的数据(SERVER 端)
        }
        else
        {
            memset(WIRELESS_DATA_RX_Buffer,'\0',BUFFERSIZE);//清空
            return 0;
        }
        input+ + ;
        //校验开头结尾 * (input+ * (input+ 1)+ 13) = = 0x16
        if((( * input)! = 0x68)||( * (input+ * (input+ 1)+ 13)! = 0x16))//起始和结尾都正确
        {
            memset(WIRELESS_DATA_RX_Buffer,'\0',BUFFERSIZE);//清空
            return 0;
        }
        //计算校验码
        for(loop_ctl= 1,check_sum= 0;loop_ctl< ( * (input+ 1)+ 12);loop_ctl+ + )
```

```c
    {
        check_sum+ = * (input+ loop_ctl);
    }
    //校验码错误
    if(check_sum! = * (input+ loop_ctl))
    {
        memset(WIRELESS_DATA_RX_Buffer, '\0', BUFFERSIZE);//清空
        return 0;
    }
    //是否为本 id
    temp_da= * ((unsigned long * ) (input+ 8));
    if(temp_da! = flash_a_property. da_id)
    {
        memset(WIRELESS_DATA_RX_Buffer, '\0', BUFFERSIZE);//清空
        return 0;
    }
    //查看接收到的 wifi 命令的命令类型
    switch( * (input+ 12))
    {
        case 0x01://读逆变器打包数据
        //逆变器数据处理
        Inverter_Data_Process();
        break;
        //AT 命令设置
        case 0x02:
        WIFI_RS485_Set|= bit2;//发送标志第三位置位:100 表示当前为 GPRS AT 命令设置
        Byte_Convert(&WIRELESS_DATA_RX_Buffer[26], MAX_BUF_RX);
SMS_Command_Shift(SMS_Command_Analysis(&WIRELESS_DATA_RX_Buffer[26]),
&WIRELESS_DATA_RX_Buffer[13]);//命令解析
        break;
        //服务器时间校准
        case 0x03:
        break;
        //读历史数据
        case 0x04:
        break;
        //逆变器数据透传
        case 0x05:
        //拷贝逆变器命令道发送 BUF
        for(loop_ctl= 0; loop_ctl< ( * (input+ 1)+ 14); loop_ctl+ + )
        {
            RS422_TX_Buffer[loop_ctl]= * (input+ loop_ctl+ 15);
        }
        //清空接收 buf
```

```
        loop_ctl= * (input+ 1)-3;
        //发送逆变器命令给逆变器
        Send_uart2_data(RS422_TX_Buffer,loop_ctl);
        loop_ctl= Rev_uart1_data();
        if(loop_ctl)
        {
            Send_Wifi_Inverter_Cmd_Reback(loop_ctl);
        }
        else
        {
            //查过一个小时逆变器无数据返回
            Send_Abnormal_Packet((U8 * )no_inverter_data,0xF0);
        }
        break;

        default:
        break;
    }
Send_uart0_str("\r",1);
Rev_uart0_data((char * )error_reback_ok,0,500);
uart0_rx_current= 0;
memset(WIRELESS_DATA_RX_Buffer, '\0',BUFFERSIZE);//清空
if(wifi_status_flag&bit4)
{
    //rs485_led取消闪烁,亮
    led_flashes_flag|= bit4; //g
    led_flashes_flag&= ~bit5; //g
}
else
{
    //rs485_led取消闪烁,灭
    led_flashes_flag&= ~bit4; //g
    led_flashes_flag&= ~bit5; //g
}
if(Wifi_Connect_Link= = 0x02)
{
//tcpb 的超时
    Wifi_Timeout_Enable|= bit2;
    //设定超时时间 10s
    TCPB_ServerCmd_Timeout= 1000;
}
else
{
    led_flashes_flag&= ~bit3; //g
```

```
            }
        return 0;
    }
//-----------------------------------------------------------------------------------------------------------
// 函数:Send_Wifi_Inverter_Cmd_Reback
// 描述:Wifi信息的发送
// 返回:1
//-----------------------------------------------------------------------------------------------------------
U8 Send_Wifi_Inverter_Cmd_Reback(U8 rev_parament)
{
    U8 num_count= 0;
    U16 crc_check= 0;
    U8 reback_str[4]= {0};
    U8 gprs_data_count= 12;

    wdt_clear();
    //写入包头
    //写入"0x68"
    WIRELESS_TX_Buffer[gprs_data_count]= 0x68;
    gprs_data_count+ + ;
    //写入数据长度
    WIRELESS_TX_Buffer[gprs_data_count]= rev_parament+ 3; //UART0_Rx_Current-1+ 13
    gprs_data_count+ + ;
    //写入控制码'C1'
    WIRELESS_TX_Buffer[gprs_data_count]= 0x41;
    gprs_data_count+ + ;
    //写入控制码'C2'
    WIRELESS_TX_Buffer[gprs_data_count]= 0xB0;
    gprs_data_count+ + ;
    //写入目的地址
  * ((unsigned long * )(&WIRELESS_TX_Buffer[gprs_data_count]))= flash_a_proper-
    ty. da_id;
    gprs_data_count+ = 4;
    //写入源地址
    * ((unsigned long * )(&WIRELESS_TX_Buffer[gprs_data_count]))= flash_a_
      property. sa_id;
          gprs_data_count+ = 4;
    //写入命令类型
    WIRELESS_TX_Buffer[gprs_data_count]= 0x81;
    gprs_data_count+ + ;
    //写入传感器类型
    * ((unsigned int * )(&WIRELESS_TX_Buffer[gprs_data_count]))= flash_a_prop-
      erty. device_type;
    gprs_data_count+ = 2;
```

```c
    //写入序列号校验位
for(num_count= 0;num_count< rev_parament;num_count+ + ,gprs_data_count+ + )
    {
WIRELESS_TX_Buffer[gprs_data_count]= RS422_RX_Buffer[num_count];
    }
    //计算校验位
for(crc_check= 0,num_count= 1;num_count< WIRELESS_TX_Buffer[13]+ 12;num_count
+ + )
    {
        crc_check+ = WIRELESS_TX_Buffer[num_count+ 12];
    }
    //写入校验位
    WIRELESS_TX_Buffer[gprs_data_count]= crc_check&0xff;
    gprs_data_count+ = 1;
    //写入结束符
    WIRELESS_TX_Buffer[gprs_data_count]= 0x16;
    gprs_data_count+ = 1;
    //发送 wifi 命令的发送头 长度 13
    for(num_count= 0;hfsend_command_head[num_count]! = '\0';num_count+ + )
    {
        WIRELESS_TX_Buffer[num_count]= hfsend_command_head[num_count];
    }
    //显示模块的序列号 num_count 为借用
    crc_check= itoa((gprs_data_count-12),reback_str,10);
    for(num_count= 0;num_count< 4-crc_check;num_count+ + )
    {
        WIRELESS_TX_Buffer[num_count+ 3]= 0x30;
    }
    //写入数据长度
    for(num_count= 0;num_count< crc_check;num_count+ + )
    {
WIRELESS_TX_Buffer[7-crc_check+ num_count]= reback_str[num_count];
    }
    //选择传输链路
    if(Wifi_Connect_Link= = 0x01)
    {
        for(num_count= 0;hfsend_tcpb_link[num_count]! = '\0';num_count+ + )
        {
WIRELESS_TX_Buffer[7+ num_count]= hfsend_tcpa_link[num_count];
        }
    }
    else
    {
        for(num_count= 0;hfsend_tcpb_link[num_count]! = '\0';num_count+ + )
```

```
            {
    WIRELESS_TX_Buffer[7+ num_count]= hfsend_tcpb_link[num_count];
            }
        }
        for(num_count= 0;num_count< 3;num_count+ + )
        {
            //调用 UART2 发送
            Send_uart0_data(WIRELESS_TX_Buffer,gprs_data_count);//发送逆变器数据通过 wifi
crc_check= Rev_uart0_data((char * )tcpb_send_ok,(char * )tcpa_send_ok,500);
            if(crc_check= = 0x01)
            {
                Wifi_Timeout_Enable|= bit2;
                //设定超时时间 10s
                TCPB_ServerCmd_Timeout= 1000;
                break;
            }
            else if(crc_check= = 0x02)
            {
                break;;
            }

        }
        return 1;
    }
```

【归纳总结】

通过本学习情境的学习，大家掌握了系统传输层的硬件设计和软件设计，通信模块硬件电路的设计方法和功能，网关设计的方法，WiFi 传输数据的方法。对于上位机数据的处理和设计将在下一个学习情境详细阐述。

【练习与实训】

一、习题

1. 简述本系统通信协议的设计与实现。
2. 简述无线收发模块在本系统中的作用。
3. 简述数据无线传输与接收的过程。

二、实训

智能家居网关主要完成网关设备的配置、编程与调试。其中包括配置网关设备，通过 WiFi 采集底层数据，并且连接上位机，实现传感节点信息的获取和设备的控制功能，实现与上位机的通信（数据上传、主机响应等）功能。传输层与感知层、应用层之间的关系如图 3-2-3 所示。请说明该系统如何实现智能家居的监控功能。

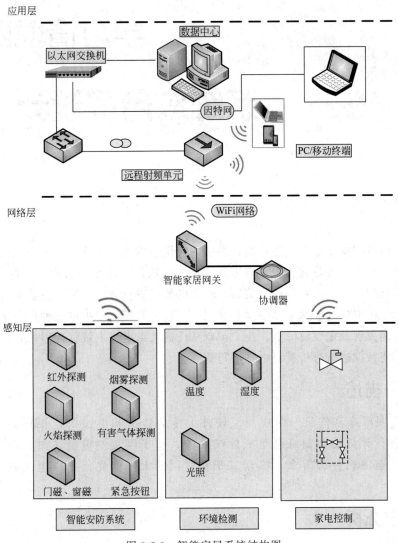

图 3-2-3　智能家居系统结构图

学习情境四

Chapter 04

系统应用层设计

【任务分析】

基于物联网的太阳能光伏组件监控系统的应用层管理门户软件是一个光伏系统管理平台，以下简称为系统管理门户，它需要实现实时数据可视化及历史数据的存储分析。在该系统管理门户中，需对数据采集器传输来的数据进行分析处理，提供丰富的图表显示，以便用户能够快速掌握电站的运行状况，同时，管理门户提供各种自定义报警，让用户第一时间发现及定位故障点。用户可以从任何地点通过系统管理门户查询系统运行状态，对采集数据进行分析及对电站进行管理。

一、任务描述

系统管理门户软件是一个由底层硬件上传的数据和上位机，根据底层硬件上传的数据进行计算的数据综合集成的统一体，基于网页浏览器端口，针对用户对太阳能电板监测软件的需求，实现基于物联网的太阳能光伏组件监测软件的开发建设。

二、需求分析

系统管理门户的各类功能模块的开发，主要依赖于两个方面的数据。一方面是底层硬件上传的数据，包括每块电板的5路电压值、电板的及时电流值、电板的及时温度值、中继器与电板之间的连接状态等数据。另一方面是上位机根据底层硬件上传的数据进行计算的数据，包括根据发电量、电池板光效值计算；电压、温度是否处在设定的报警条件区间内，以及根据光照度、发电量等数据计算是否有局部的阴影遮盖。

系统管理门户主要功能为数据显示及数据分析，其中数据显示功能包括当日、当月、当年、总发电量，历史数据记录，日志记录，故障信息，日、月、年度报表，气象数据显示等；数据分析功能包括发电效率分析，系统、设备性能分析，累计系统收益，累计节能减排，系统性能对比等。

任务一 系统设计

一、系统目标

根据需求分析的描述及与系统用户的沟通，制定系统实现目标。

1. 统一规划

对系统的整体框架、软硬件平台必须统一规划；从系统的角度出发，综合分析本系统与已有系统的关系，考虑系统的整体性。

2. 实用性和易用性原则

保证系统实用性，满足用户的业务需求是系统的基本目标。从实际需要出发，以满足当前物联网应用需要为目标设计并建设系统。系统结构力求简洁、清晰、实用。

系统建设应坚持简单化、人性化等设计理念，充分考虑普通系统用户的计算机水平和操作习惯，使界面友好，保证用户的操作简单易行。

3. 经济性原则

系统的建设要在实用的基础上做到最经济，通盘考虑整个系统建设过程中人力物力的最优化配置，在满足系统各项要求的基础上，软硬件产品的选择要求具有较高的性价比，节约资金，避免浪费。

4. 安全性原则

安全可靠性是衡量一个系统的重要标准之一。在确保系统中网络设备稳定、可靠运行的前提下，还需要考虑软硬件系统整体的容错能力、安全性及稳定性，使系统出现问题和故障时能迅速修复。因此需要对系统关键应用和主干设备考虑有适当的冗余。

5. 循序渐进原则

系统的建设要根据现有的条件，有计划有步骤地进行。系统建设初期，应以满足基本功能、实现常用的迫切的基础功能为主，以后再逐步进行功能扩展，使系统功能逐步完善。

二、系统流程图

基于物联网的太阳能光伏组件监控系统的系统管理门户的流程设计图，主要包括系统流程图和系统数据流程图。

1. 系统流程图

系统管理门户的系统流程如图 4-1-1 所示，在系统管理门户软件中，管理员登录系统后可以完成系统管理和系统设置，系统设置包括了太阳能电板管理、逆变器管理、网关管理及传感器管理等。系统管理门户普通用户需要注册后方可登录系统（用户详细注册过程已经在学习情境一中加以详细说明），用户成功登录之后可以浏览包括每日电量、每日功率、天气信息、电站图片、环境报告等信息在内的系统整体状况，还可以浏览各太阳能电板实施状态，进行图表查询、报警信息查看及报表生成等操作。

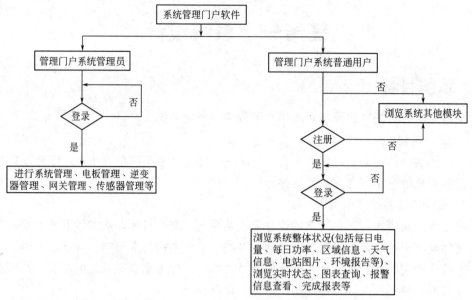

图 4-1-1　系统管理门户的系统流程图

2. 系统数据流程图

系统管理门户的系统数据流程设计如图 4-1-2 所示，在服务器需要调用太阳能光伏电板数据信息时，数据服务器向网关提出数据申请，而该请求又由网关传递到数据采集器，数据采集器将该请求传递到逆变器，逆变器进行分析后，再向太阳能光伏电板的串设备发送请求，串设备再发送请求给多个电板设备；当该请求得到电板设备响应后，则包含多个电板信息数据的数据包由电板向太阳能光伏电板的串设备传递，再进一步传递到逆变器、数据采集器，最终被发送至网关，由网关根据 IP 地址发送传递给数据库服

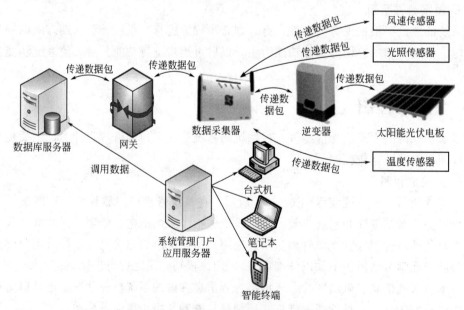

图 4-1-2　系统管理门户的数据流程设计图

物联网工程技术综合实训教程

务器，系统管理门户应用服务器则实时调用数据库服务器中的数据，从而使系统管理门户应用服务器可以实时获取太阳能光伏电板的信息数据，实时更新电板的实时信息表，而电板的历史数据信息表也在不断更新，数据也在不断增加。

温度传感器、光照传感器、风速传感器的数据信息则是直接经由数据采集器传递到网关，由网关发送传递到数据库服务器，系统管理门户应用服务器则实时调用数据库服务器中的数据，并更新其实时数据信息表，实时转移和更新其历史数据信息。

三、系统功能结构

基于物联网的太阳能光伏组件监控系统管理门户的系统用户的角色分为两类：一类

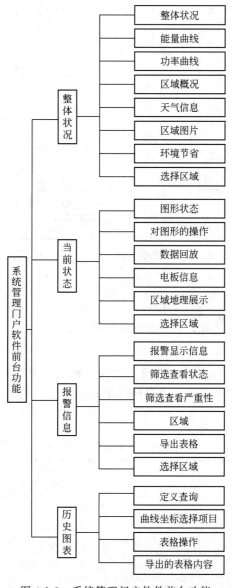

图 4-1-3　系统管理门户软件前台功能

是普通用户，另一类是管理员。根据这两类用户角色的功能区别，将管理门户软件系统功能分为前台功能和后台功能。

系统管理门户软件前台功能的主要使用角色为普通用户，系统前台功能如图 4-1-3 所示。

普通用户主要功能有整体状况查看、实时状态查看、历史图表查看、报警信息查询等。系统管理门户软件后台功能的主要使用角色为管理员，系统后台功能如图 4-1-4 所示，管理员主要功能由系统设置和用户管理。

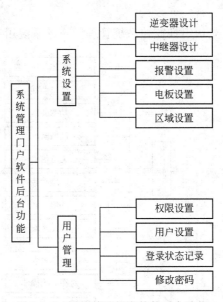

图 4-1-4 系统管理门户软件后台功能

四、数据库设计

根据系统的功能模块划分，完成系统的数据库设计。

1. 数据库的组成

按照图 4-1-3 及图 4-1-4 所示的系统功能模块组成情况，根据各个模块需要实现的功能，完成数据库中的各张逻辑表的设计，主要包括 33 张表，表名及功能描述具体见表 4-1-1 所示。

表 4-1-1 系统数据库的组成

序号	表 名	说 明	功 能
1	Users	用户信息表	记录用户的基本信息及登录状况
2	Authoritys	用户权限表	记录用户的权限类型
3	UserLogs	用户登录日志表	记录用户的登陆系统的时间
4	Invertors	逆变器表	记录逆变器的设备信息
5	InvertorModels	逆变器型号表	记录逆变器的型号类型

序号	表　名	说　明	功　能
6	StringTypes	串类型表	记录串的设备信息
7	Electroplaxs	电板信息表	记录电板的详细设备信息
8	Gateways	网关信息表	记录网关的设备信息
9	GatewayBrands	网关品牌表	记录网关的品牌
10	WindSpeedSensors	风速传感器表	记录风速传感器的设备信息
11	WindSpeedSensorBrands	风速传感器品牌表	记录风速传感器的品牌
12	IlluminationSensors	光照传感器表	记录光照传感器的设备信息
13	IlluminationSensorBrands	光照传感器品牌表	记录光照传感器的品牌
14	AlarmMessages	报警信息表	记录报警未处理的信息
15	AlarmTypes	报警类型表	记录报警的类型
16	ElectroplaxAbnormitys	电板异常对照表	记录电板电压的变化信息
17	TemperatureAbnormitys	温度异常对照表	记录电板温度变化的信息
18	PowerStations	电站信息表	记录电站的一些基本信息
19	RealTimeElectroplax	电板实时信息表	记录电板工作的实时信息
20	HistoryElectroplaxs	电板历史信息表	记录和存储电板工作的历史信息
21	AlarmTreatmentLogs	报警信息处理日志	记录电板报警已处理的信息
22	RealTimeWindSpeed	风速传感器实时信息	记录风速传感器工作中的实时信息
23	HistoryWindSpeeds	风速传感器历史信息	记录和存储风速传感器工作的历史信息
24	RealTimeIllumination	光照传感器实时信息	记录光照传感器工作中的实时信息
25	HistoryIlluminations	光照传感器历史信息	记录和存储光照传感器工作的历史信息
26	RealTimePowerStation	电站实时信息	记录电站工作的实时信息
27	HistoryPowerStations	电站历史信息表	记录电站工作的历史信息
28	HistoryAlarm	报警历史数据表	记录报警信息的历史数据
29	DayElectroplaxs	日信息表	记录电板设备的日信息数据
30	WeeksElectroplaxs	周信息表	记录电板设备的周信息数据
31	MonthsElectroplaxs	月信息表	记录电板设备的月信息数据
32	CurrentAbnormitys	(电流)电板异常对照表	记录电板中的电流变化的信息
33	ConnectAbnormitys	通信异常对照表	记录电板中通信连接的次数

2. 数据库视图

基于表 4-1-1 的功能划分完成各表的逻辑结构设计，设计完成之后的主要数据表的视图如图 4-1-5 所示。

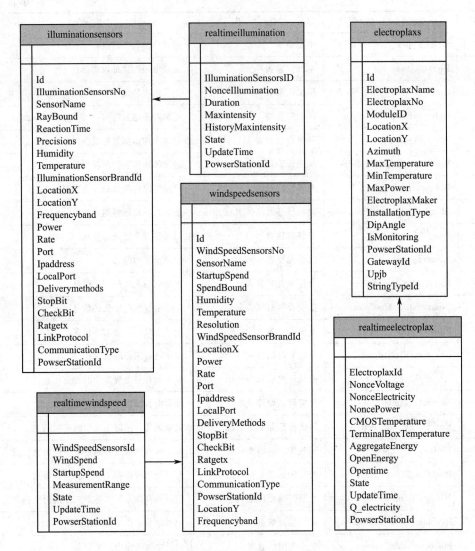

图 4-1-5　数据库视图

任务二　构建系统开发及运行环境

（一）IIS 3.0 软件的安装及配置

1. IIS 3.0 软件的安装

打开"控制面板"，选择"添加或删除程序"，选择"添加/删除 Windows 组件"，将会弹出如图 4-2-1 所示对话框，在如图 4-2-1 所示的对话框中勾选应用程序服务器，勾选 IIS、万维网服务、Active Server Pages 和可包含文件 SHTML（缺少该图），然后点击"确定"，将出现如图 4-2-3 所示的提示插入安装光盘对话框，如果没有安装光盘，可以到网上下载 IIS3.0 的完整安装包，浏览 IIS3.0 安装文件后点击"打开"按钮即可，之后在如图 4-2-3 所示的诸多类似对话框中，点击"下一步"按钮，直至最终完成安装。安装步骤如图 4-2-1～图 4-2-6 所示。

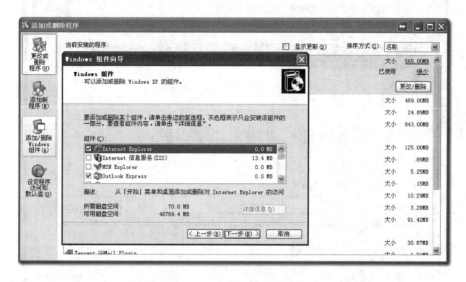

图 4-2-1　IIS 3.0 的安装（1）

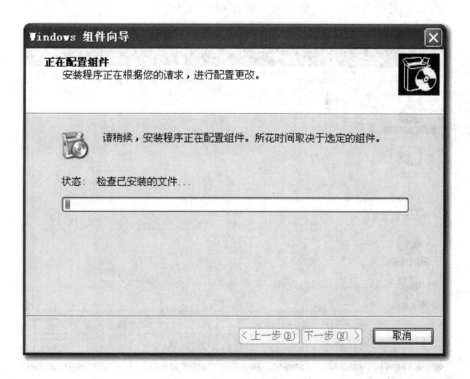

图 4-2-2　IIS 3.0 的安装（2）

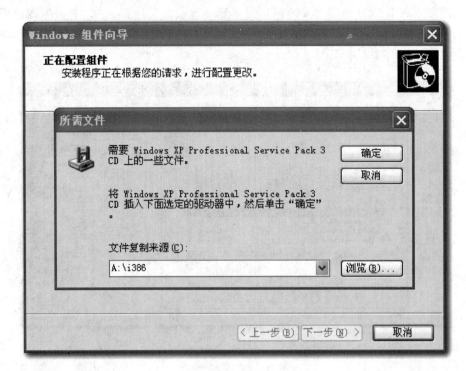

图 4-2-3 IIS 3.0 的安装（3）

图 4-2-4 IIS 3.0 的安装（4）

物联网工程技术综合实训教程

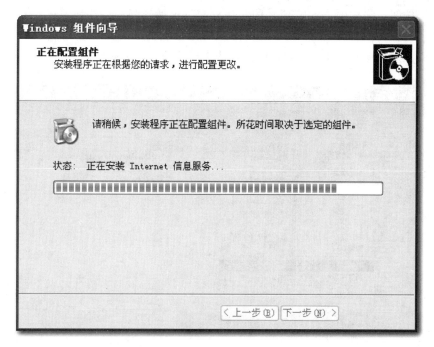

图 4-2-5 IIS 3.0 的安装 (5)

图 4-2-6 IIS 3.0 的安装 (6)

2. IIS 3.0 的站点配置

在如图 4-2-7 所示窗口左侧的树形菜单中，鼠标右击"默认网站"选项，选择"新建" | "虚拟目录"，然后点击"下一步"按钮，输入网站别名"SunPower"，点击

"下一步"按钮，在如图4-2-10所示的对话框中，选择"浏览"按钮，在计算机中找到当前系统，此时将在文本框中显示当前系统所处位置的物理路径。站点配置步骤如图4-2-7～图4-2-15所示，设置访问权限及默认文档后即完成了站点配置。

图 4-2-7　IIS 3.0 的站点配置（1）

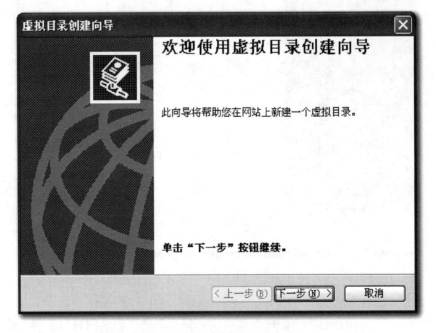

图 4-2-8　IIS 3.0 的站点配置（2）

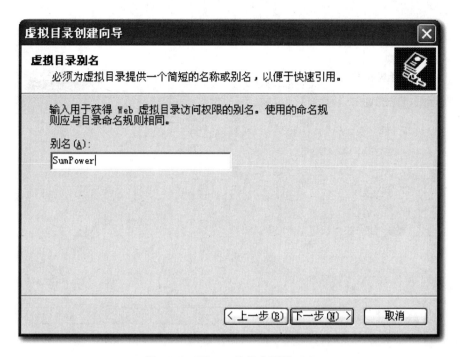

图 4-2-9　IIS 3.0 的站点配置（3）

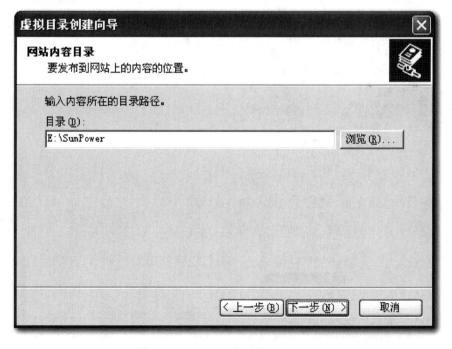

图 4-2-10　IIS 3.0 的站点配置（4）

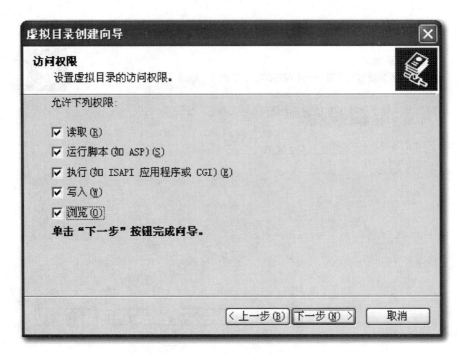

图 4-2-11　IIS 3.0 的站点配置（5）

图 4-2-12　IIS 3.0 的站点配置（6）

物联网工程技术综合实训教程

图 4-2-13　IIS 3.0 的站点配置（7）

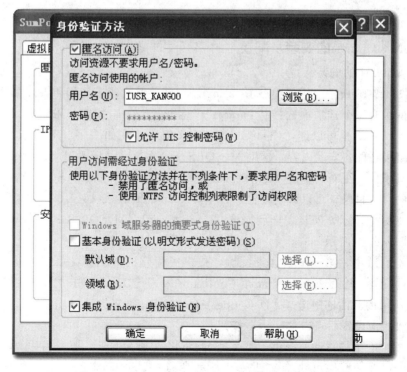

图 4-2-14　IIS 3.0 的站点配置（8）

图 4-2-15　IIS 3.0 的站点配置（9）

（二）Mysql 5.1 的安装及配置

1. Mysql 5.1 的安装

在如图 4-2-16 所示对话框中点击 "Next" 按钮，将会出现如图 4-2-17 所示对话框，在该对话框中有三个选项中选择 "Typical"，点击 "Next" 按钮，采用默认典型安装。在如图 4-2-17 中，也可以选 "Custom"，自定义安装，在如图 4-2-18 所示的对话框中选择安装路径，配置安装内容，这里 MySQLServer 目录和 My SQL Server Datafiles 的目录不是父子同步更新的，MySQL Server 是程序文件的目录，MySQL Sever Datafiles 是数据库的存放目录，可以分别配置。具体安装步骤如图 4-2-16～图 4-2-33 所示。

如图 4-2-21 所示，安装完毕后勾选 "Configure the MySQL Server now"，启动配置界面如图 4-2-22 所示。

在图 4-2-23 中，第一个是详细配置，提供更优化的数据库，第二个是一般用途，提供通用的配置，此处选择 "Detailed Configuration" 选项，点击 "Next" 按钮，在如图 4-2-24 所示的对话框中选择 "Developer Machine"，设置方法如图 4-2-24～图 4-2-30 所示，完成相应设置后点击 "Next" 按钮。

在图 4-2-30 中的对话框提供了是否把 MySQL 注册为服务、服务名称、是否自动启动等信息，以及是否把可执行文件放到环境变量的选项等信息。为了方便，勾选了 "Include Bin Directory In Windows PATH"，这样使用命令控制的时候比较方便。

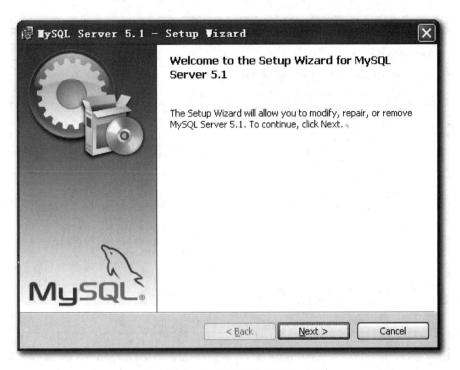

图 4-2-16　MySQL 5.1 的安装（1）

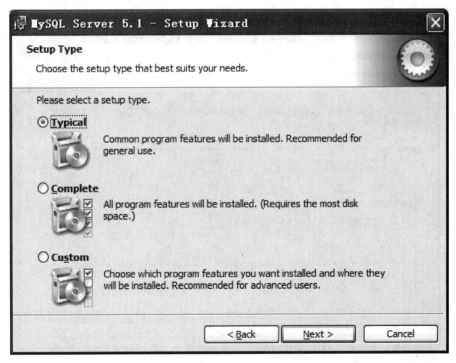

图 4-2-17　MySQL 5.1 的安装（2）

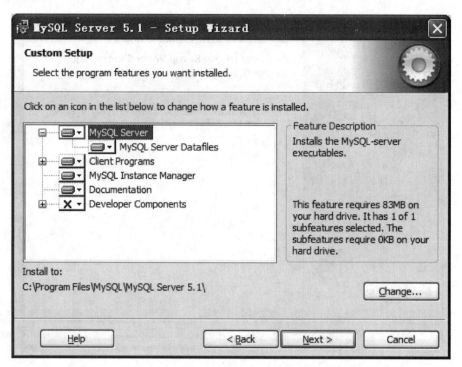

图 4-2-18 MySQL 5.1 的安装（3）

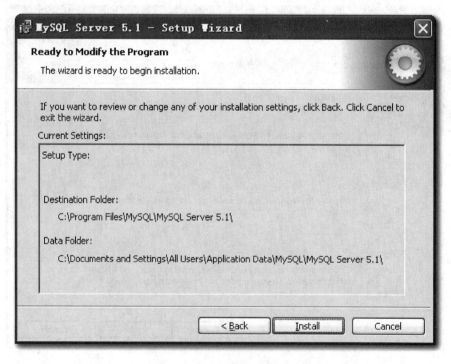

图 4-2-19 MySQL 5.1 的安装（4）

物联网工程技术综合实训教程

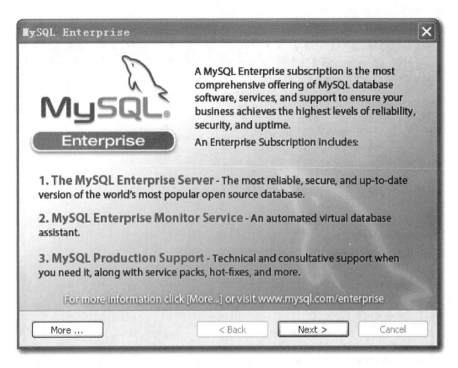

图 4-2-20　MySQL 5.1 的安装（5）

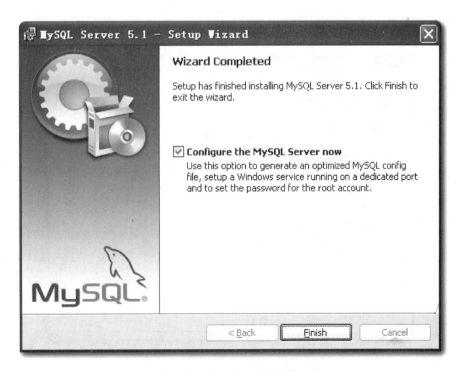

图 4-2-21　MySQL 5.1 的安装（6）

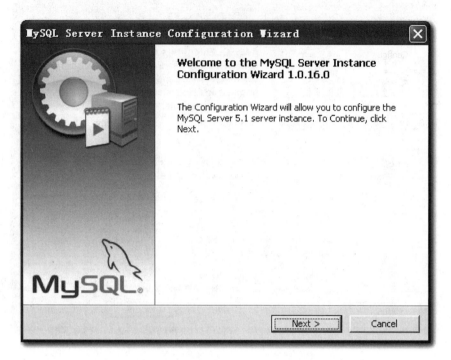

图 4-2-22　MySQL 5.1 的安装（7）

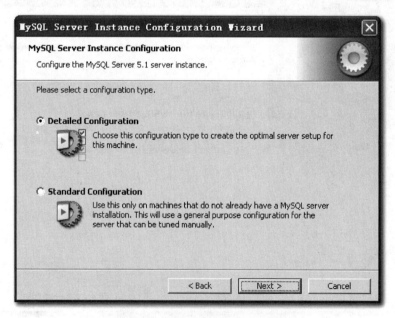

图 4-2-23　MySQL 5.1 的安装（8）

　物联网工程技术综合实训教程

图 4-2-24　MySQL 5.1 的安装（9）

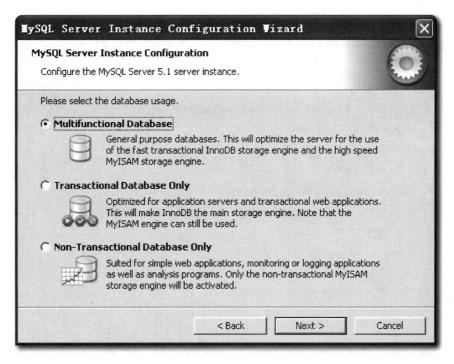

图 4-2-25　MySQL 5.1 的安装（10）

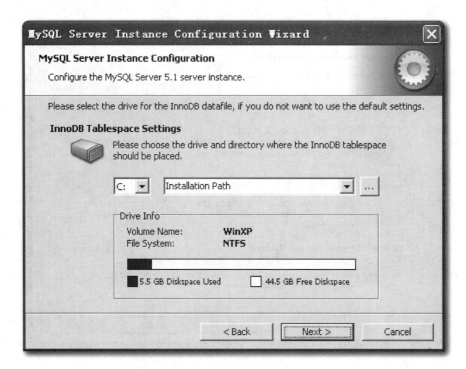

图 4-2-26　MySQL 5.1 的安装（11）

图 4-2-27　MySQL 5.1 的安装（12）

物联网工程技术综合实训教程

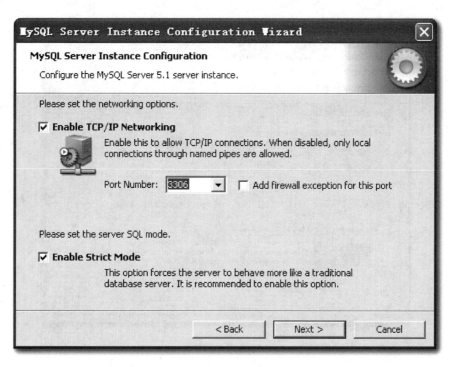

图 4-2-28　MySQL 5.1 的安装（13）

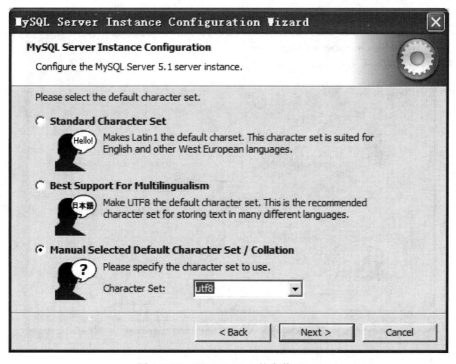

图 4-2-29　MySQL 5.1 的安装（14）

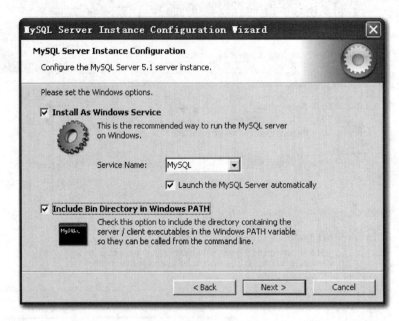

图 4-2-30　MySQL 5.1 的安装（15）

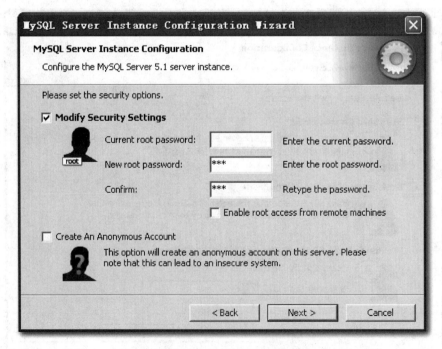

图 4-2-31　MySQL 5.1 的安装（16）

⊙ 物联网工程技术综合实训教程

如图 4-2-31 所示，这个步骤会给 root 用户创建密码，同时询问是否允许 root 用户的远程登录，以及是否要创建匿名用户等。可以根据需要进行选择，该处设置用户密码为：123。如图 4-2-32～图 4-2-33 所示，是复核选项，确认无误后，点击"Excute"按钮执行配置。

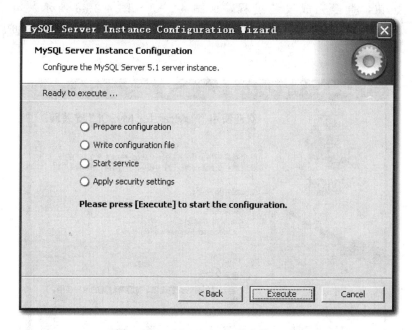

图 4-2-32　MySQL 5.1 的安装（17）

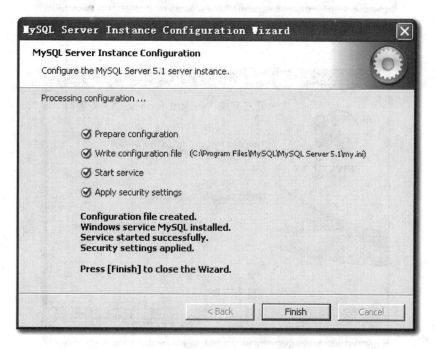

图 4-2-33　MySQL 5.1 的安装（18）

2. MySQL-tools 安装配置

下载"Navicat for MySQL"安装程序，双击该安装程序后将会出现如图 4-2-34 所示对话框，选择"标准安装"，点击"安装"按钮后，在各安装提示窗口中点击"下一步"按钮，直至完成安装过程，如图 4-2-35～图 4-2-38 所示。勾选"运行 Navicat for MySQL 9.0.15"选项，点击"完成"按钮，将进入如图 4-2-36 所示的配置窗口。

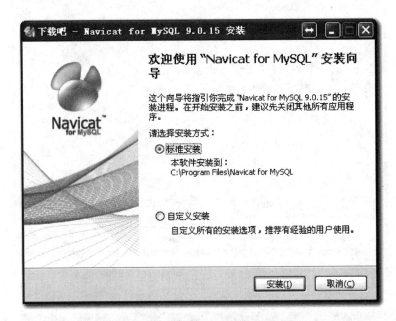

图 4-2-34　MySQL-tools 安装配置（1）

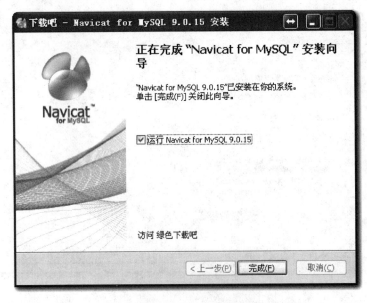

图 4-2-35　MySQL-tools 安装配置（2）

物联网工程技术综合实训教程

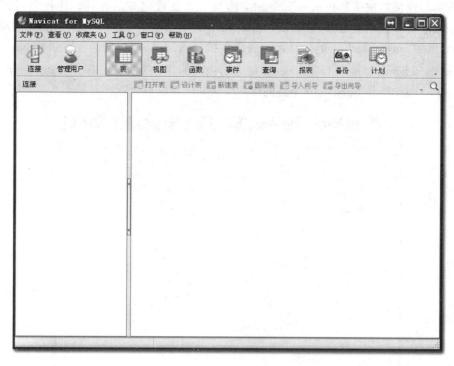

图 4-2-36　MySQL-tools 安装配置（3）

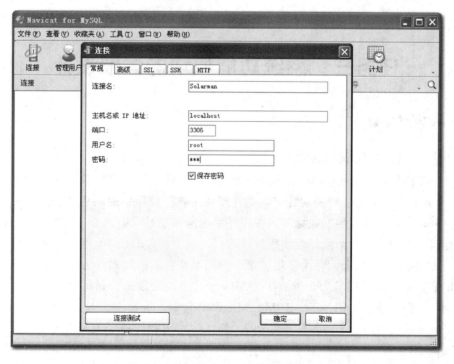

图 4-2-37　MySQL-tools 安装配置（4）

点击"连接"按钮，显示如图 3-2-37 连接 mysql 数据库的界面，连接名可以输入"Solarman"，主机名或 IP 地址默认"localhost"，端口默认 3306，用户名 mysql 默认为"root"，密码填 Mysql 5.1 的安装中设置的密码，点"确定"，如图 4-2-38 所示。infromation _ schema、mysql 和 test 是 mysql 的默认数据库，Sunpowerdb 和 sunpowerserver 则是 Solarman 项目的库。

图 4-2-38　MySQL-tools 安装配置（5）

任务三　系统功能模块的详细设计

一、认识 UML

（一）UML 的发展及构成

统一建模语言（UnifiedModelingLanguage，UML）是面向对象软件的标准化建模语言。UML 因其简单、统一的特点，而且能表达软件设计中的动态和静态信息，目前已成为可视化建模语言的工业标准。在软件系统的开发过程中，统一建模语言可以在整个设计周期中使用，帮助设计者缩短设计时间，减少改进的成本，使软硬件最优化。

UML 的演化可以分为三个阶段：第一阶段是 3 位面向对象方法学家 Booch、Rumbaugh 和 Jacobson 共同努力，形成了 UML0.9；第二阶段是公司的联合行动，由十几家公司（DEC、HP、I-Logix、IBM、Microsoft、Oracle、TI、RationalSoftware 等）组成了 UML 成员协会，将各自意见加入 UML，完善和促进了 UML 的定义工作，形成了 UML1.0 和 1.1，并向对象管理组织（ObjectManagementGroup，OMG）申请成为建模语言规范的提案；第三阶段是在 OMG 控制下对版本的不断修订和改进，其中 UML1.3 是较为重要的修订版。

UML 由 3 个要素构成：UML 的基本构造块、支配这些构造块如何放置在一起的规则和运用于整个语言的公用机制。

UML 有 3 种基本的构造块：事物、关系和图。

（1）事物是对模型中最具有代表性成分的抽象，包括结构事物，如类（Class）、接口（Interface）、协作（Collaboration）、用例（UseCase）、主动类（Active Class）、组件（Component）和节点（Node）；行为事物，如交互（Interaction）、态机（State machine）、分组事物（包：Package）、注释事物（注解：Note）。

（2）关系用来把事物结合在一起，包括依赖、关联、泛化和实现关系。

（3）图聚集了相关的事物及其关系的组合，是软件系统在不同角度的投影。图由代表事物的顶点和代表关系的连通图表示。下面对常用的 8 种类图进行简单介绍。

① 类图（Class Diagram）。展现了一组对象、接口、协作和它们之间的关系。类图描述的是一种静态关系，在系统的整个生命周期都是有效的，是面向对象系统的建模中最常见的图。

② 对象图（Object Diagram）。展现了一组对象以及它们之间的关系。对象图是类图的实例，几乎使用与类图完全相同的表示。

③ 用例图（UseCase Diagram）。展现了一组用例、参与者（actor）以及它们之间的关系。用例图从用户角度描述系统的静态使用情况，用于建立需求模型。

④ 交互图。用于描述对象间的交互关系，由一组对象和它们之间的关系组成，包含它们之间可能传递的消息。交互图又分为序列图和协作图，其中序列图描述了以时间顺序组织的对象之间的交互活动；协作图强调收发消息的对象的结构组织。

⑤ 状态图（State Diagram）。由状态、转换、事件和活动组成，描述类的对象所有可能的状态以及事件发生时的转移条件。通常状态图是对类图的补充，只包括那些有多个状态的、行为随外界环境而改变的类画状态图。

⑥ 活动图（Active Diagram）。一种特殊的状态图，展现了系统内一个活动到另一个活动的流程。活动图有利于识别并行活动。

⑦ 组件图（Component Diagram）。展现了一组组件的物理结构和组件之间的依赖关系。部件图有助于分析和理解组件之间的相互影响程度。

⑧ 部署图（Deployment Diagram）。展现了运行处理节点以及其中的组件的配置。部署图给出了系统的体系结构和静态实施视图。它与组件图相关，通常一个节点包含一个或多个构建。

需要指出的是，UML 并不限定仅使用这 8 种图，建模工具可以采用 UML 来提供其他种类的图，但到目前为止，这 8 种图在实际应用中最常用的。

（二）UML 建模工具

常见的 UML 建模工具有 Power Designer、Enterprise Architect 和 Microsoft Office Visio 等。

① Power Designer：其系列产品提供了一个完整的建模解决方案。业务或系统分析人员、设计人员、数据库管理员 DBA 和开发人员可以对其裁剪，以满足他们的特定需要。Power Designer 提供了直观的符号，使数据库的创建更加容易，并使项目组内的交

流和通信标准化，能够更加简单地向非技术人员展示数据库的设计。

②Enterprise Architect：是一个基于 UML 的 Visual CASE 工具，主要用于设计、编写、构建并管理以目标为导向的软件系统。它支持用户案例、商务流程模式，以及动态的图表、分类、界面、协作、结构和物理模型。此外，它还支持 C＋＋、Java、Visual Basic、Delphi、C♯以及 VB. NET 语言。

③Microsoft Office Visio：是微软公司出品的一款软件，它有助于 IT 和商务专业人员轻松地实现可视化、分析和交流复杂信息。它能够将难以理解的复杂文本和表格转换为一目了然的 Visio 图表。该软件通过创建与数据相关的 Visio 图表来显示数据，易于刷新。Visio 提供的模板有业务流程图、网络图、工作流图、数据库模型图和软件图等，这些模板可用于可视化和简化业务流程，跟踪项目和资源，绘制组织结构图、映射网络，绘制建筑地图以及优化系统等。由于它对数据库及 .NET 语言的良好支持，在"基于物联网的太阳能光伏组件监控系统"的分析设计过程中被选择为建模工具。

二、认识分析设计工具 Visio

（一）Microsoft Visio 2010 UML 建模功能简介

UML 建模工具 Visio 原来仅仅是一种画图工具，能够用来描述各种图形（从电路图到房屋结构图），从 Visio 2000 开始引进软件分析设计功能与代码生成的全部功能，它可以说是目前最能够用图形方式来表达各种商业图形用途的工具（对软件开发中的 UML 支持仅仅是其中很少的一部分）。它跟微软的 Office 产品能够很好兼容，能够把图形直接复制或者内嵌到 Word 的文档中。Visio 2010 版本又引入了许多新功能，这使得 Visio 功能更加强大和易于使用。此处主要介绍 Microsoft Visio 2010 的特点。

（1）增强的用户体验。Visio 2010 在用户界面和体验的方面改进非常大，不仅完全抛弃了"菜单"和"工具"等旧有的操作方式，而且全面采用 Office Fluent 界面，在用户体验、数据共享、协同办公等方面都做了重大的改进。

（2）图形操作的改进。实时的主题预览效果，当鼠标移到相应的形状样式的时候，Visio 设计窗口中的图形就会实时响应选中的主题效果。自动连接增强功能，将指针放置在蓝色"自动连接"箭头上时，会显示一个浮动工具栏，其中可最多包含当前所选模具的"快速形状"区域中的四个形状。能自动对齐和自动调整间距，用"自动对齐和自动调整间距"按钮可对形状进行对齐和间距调整。可以调整图表中的所有形状，或通过选择指定要对其进行调整的形状。

（3）Visio 服务。以前在将 Visio 作出的图传给别人的时候，如果对方没有安装 Visio 或者相关的查看器就无法查看图片。现在我们可以通过 Visio 服务将本地的图表与 SharePoint Web 部件集成到了一起，在与他人分享 Visio 图片时只需要告诉对方文档的地址即可。SharePoint 的 Visio Web Access 部件将会提供高保真的 Visio 查看效果，并且可以看到相应图形的属性及链接访问。

（二）Microsoft Visio 2010 的使用

1. Visio 2010 界面介绍

Visio 2010 界面主要分为快速访问工具栏、文件菜单、选项卡、功能区、形状窗

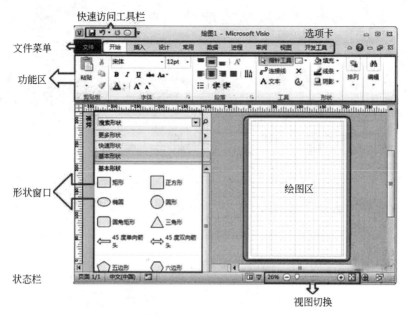

图 4-3-1　Visio 2010 界面

口、绘图区、状态栏，具体界面如图 4-3-1 所示。

① 快速访问工具栏：默认有【保存】、【撤销】、【重复】三个按钮，如果你经常需要按某个按钮，可右击该按钮，然后单击【添加到快速访问工具栏】按钮，以后在快速访问工具栏可以快速打开，具体如图 4-3-2 所示。

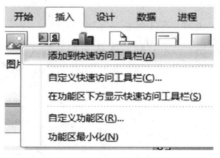

图 4-3-2　【快速访问工具栏】窗口

② 【文件】菜单：文件菜单一般针对文件的操作，如打开、保存、打印等。在【文件】菜单下，单击【最近所用文件】，可以看到最近打开的文件，在右边看到图钉形状的图标可以单击，该文档将置顶固定，方便下次快速打开，具体如图 4-3-3 所示。

③ 选项卡：【开始】、【插入】、【设计】、【数据】等这些再也不称为菜单，而是选项卡，双击任意选项卡可以隐藏或显示功能区，快捷键为 Ctrl＋F1。另外，选择图片，将出现【图片工具】选项卡，选择图表，将出现【图表工具】选项卡。这些称之为上下文选项卡。

④ 功能区：常用的一些命令。在每一组的右下角中单击小图标，将显示对应的对话框，如图 4-3-4 所示。

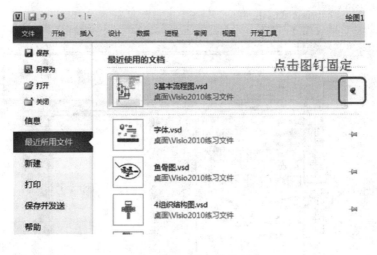

图 4-3-3 【文件】菜单窗口

图 4-3-4 【功能区】窗口

⑤ 形状窗口：常用的形状可从这里拖放到绘图区。

⑥ 绘图区：绘图的场所，平时绘图主要在这里工作。

⑦ 状态栏：查看一些图形信息，右边可以进行视图切换，也可以改变屏幕显示大小。

2. 在 Visio 2010 中建立图表

Visio 图表具有许多种类，但只要使用相同的三个基本步骤就可以创建几乎全部种类的图表，具体方法如下。

第 1 步：选择并打开一个模板。启动 Visio 2010，在【模板类别】下，单击【流程图】，进入【流程图】选项卡，然后双击【基本流程图】，进入【基本流程图】绘制页面，如图 4-3-5 所示。

第 2 步：拖动并连接形状。若要创建图表，请将形状拖至空白页上并将它们相互连接起来。用于连接形状的方法有多种，现在使用自动连接功能，方法如下。

① 将【开始/结束】形状从【基本流程图形状】模具拖至绘图页上，然后松开鼠标按钮，具体如图 4-3-6 所示。

② 将指针放在形状上，以便显示蓝色箭头，具体如图 4-3-7 所示。

③ 将指针移到蓝色箭头上，蓝色箭头指向第二个形状的放置位置。此时将会显示一个浮动工具栏，该工具栏包含模具顶部的一些形状，具体如图 4-3-8 所示。

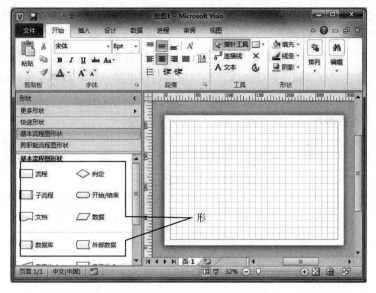

图 4-3-5 【基本流程图】绘制页面

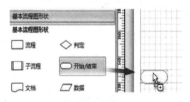

图 4-3-6 【创建简单流程图】(1)

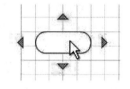

图 4-3-7 【创建简单流程图】(2)

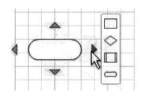

图 4-3-8 【创建简单流程图】(3)

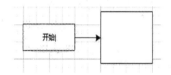

图 4-3-9 【创建简单流程图】(4)

④ 单击正方形的【流程】形状,【流程】形状即会添加到图表中,并自动连接到【开始/结束】形状。如果要添加的形状未出现在浮动工具栏上,则可以将所需形状从【形状】窗口拖放到蓝色箭头上。新形状即可连接到第一个形状,就像在浮动工具栏上单击了它一样。

第 3 步:向形状添加文本

① 双击相应的形状并开始输入文本,具体如图 4-3-9 所示。

② 输入完毕后,单击绘图页的空白区域或按 Esc。至此,简单流程图创建完毕。

三、用例图实现设计

1. 用例图概念

在 UML 中,用例图一般由用户(执行者)和用例构成,其中用例定义了用户与计算机之间为达到某个目的而进行的一系列交互活动。原则上,用例图对于所有涉及软件开发和使用的人都必须是可以理解的。通过它，软件开发者及使用者可以进行有效的沟通，以建立正确的需求分析。

（1）系统管理员：系统管理、电板管理、逆变器管理、网关管理及传感器管理等。

（2）系统普通用户：浏览系统整体状况（包括每日电量、每日功率、区域信息、天气信息、电站图片、环境报告等）、浏览实时状态、图表查询、报警信息查看及完成报表等。

2. 具体用例图展现

（1）前台功能用例图如图 4-3-10 所示。

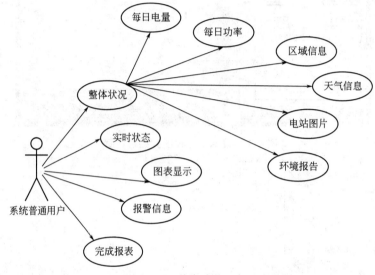

图 4-3-10　前台功能用例图

（2）后台管理系统功能用例图，如图 4-3-11 所示。

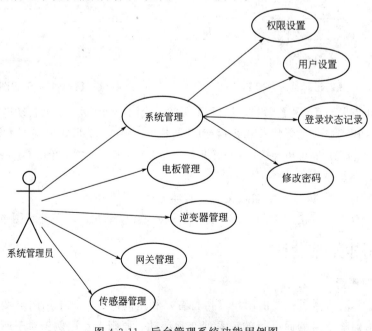

图 4-3-11　后台管理系统功能用例图

任务四　公共类设计及编写

在开发项目中以类的形式来组织、封装一些常用的方法和事件，不仅可以提高代码的重用率，也大大方便了代码的管理。本系统中创建了两个公共类：DBHElper.cs 和 PageBase.cs，其中 DBHElper 类主要用来访问 SQL Server 数据库和返回基本的 ADO.NET 对象，PageBase 类主要用来实现页面简体中文显示的功能。在程序开发时，只需调用相应方法即可。其中 DBHElper 类是对数据库操作的核心类。

一、Web.config 文件设计

为了方便对数据的操作和限制，可以在 Web.Config 文件中配置一些参数，从而完成想实现的功能。Web.Config 是 asp.net 中保存配置信息（比如数据库连接字符串等）的重要文件。它是基于 xml 的文本文件方式放在 Web 应用程序的任何目录中，并且默认不随源文件编译到 Dll 中，而运行环境随时监视着它是否有改变，一旦有变动，系统会自动重新加载里面的最新内容。物联网的太阳能光伏组件监控系统的配置文件如下：

```
< ? xml version= "1.0"? >
```

< ! --注意：除了手动编辑此文件以外，您还可以使用 Web 管理工具来配置应用程序的设置。可以使用 Visual Studio 中的"网站"-> "Asp.Net 配置"选项。

设置和注释的完整列表在 machine.config.comments 中，该文件通常位于 "Windows"Microsoft.Net"Framework"v2.x"Config 中。-->

< ! --Webconfig 文件是一个 xml 文件，configuration 是 xml 文件的根节点，由于 xml 文件的根节点只能有一个，所以 Webconfig 的所有配置都是在这个节点内进行的。-->

```
< configuration>
```

< ! --连接字符串设置-->

```
    < connectionStrings>
        < add name= "SunPowerConnectionString" connectionString= "Server= lo-
calhost;Port= 3303;Database= sunpowerdb; User= root;Password= 123;"/>
    < /connectionStrings>


    < system.web>
        < sessionState mode= "InProc" timeout= "30"/>
        < customErrors mode= "Off"/>
        < pages enableEventValidation = "true" controlRenderingCompatibili-
tyVersion= "3.5" clientIDMode= "AutoID">
        < /pages>
```

< ! -- 设置 compilation debug= "true" 将调试符号插入已编译的页面中。但由于这会影响性能，因此只在开发过程中将此值设置为 true。设置默认的开发语言 C# 。batch 是否支持批处理-->

```
        < compilation debug= "true" targetFramework= "4.0">
            < assemblies>
```

< ! --加的程序集引用，每添加一个程序集，就表示你的应用程序已经依赖了一个程序集，你就可以在你的应用程序中使用了-->

```
            < add assembly= " System. Web. Extensions, Version = 4. 0. 0. 0,
Culture= neutral, PublicKeyToken= 31bf3853ad334e35"/>
                      < add assembly= "System. Design, Version= 4. 0. 0. 0, Culture= neu-
tral, PublicKeyToken= B03F5F7F11D50A3A"/>
                       < add assembly= "System. Web. Extensions. Design, Version= 4. 0. 0. 0,
Culture= neutral, PublicKeyToken= 31BF3853AD334E35"/>
                      < add assembly= "System. Configuration. Install, Version= 4. 0. 0. 0,
Culture= neutral, PublicKeyToken= B03F5F7F11D50A3A"/>
                      < add assembly= "System. Transactions, Version= 4. 0. 0. 0, Culture=
neutral, PublicKeyToken= B77A5C531934E089"/>
                      < add assembly= "System. Web, Version= 4. 0. 0. 0, Culture= neu-
tral, PublicKeyToken= B03F5F7F11D50A3A"/>
                      < add assembly= "System, Version= 4. 0. 0. 0, Culture= neutral,
PublicKeyToken= B77A5C531934E089"/>
                      < add assembly= "System. Xml, Version= 4. 0. 0. 0, Culture= neu-
tral, PublicKeyToken= B77A5C531934E089"/>
                      < add assembly= "System. Drawing, Version= 4. 0. 0. 0, Culture=
neutral, PublicKeyToken= B03F5F7F11D50A3A"/>
                      < add assembly= "System. Data, Version= 4. 0. 0. 0, Culture= neu-
tral, PublicKeyToken= B77A5C531934E089"/> < /assemblies>
        < /compilation>
    < /system. web>
    < system. webServer>
        < defaultDocument>
            < files>
                < add value= "LoginPage. aspx"/>
            < /files>
        < /defaultDocument>
    < /system. webServer>
 < ! --appSettings是应用程序设置,可以定义应用程序的全局常量设置等信息-->
    < appSettings>
        < add key= "cn. com. webxml. webservice. WeatherWS" value= "http://webser-
vice. webxml. com. cn/WebServices/WeatherWS. asmx"/>
        < add key= "PwQ" value= "0"/>
        < ! —电站历史电量-->
    < /appSettings> < /configuration>
```

二、自定义基础类

物联网的太阳能光伏组件监控系统的自定义基础类,包括数据访问层创建 DBHElper 类、PageBase. cs 类及数据库中各表的访问类。

创建类文件的方法为:在解决方案资源管理器的项目中,右键单击项目文件,在弹出的快捷菜单中选择"添加新项",在弹出的"添加新项"对话框中选择"类",修改名称为 DBHElper. cs。如图 4-4-1 所示。

图 4-4-1　创建类文件

　　DBHElper.cs 类文件中，在命名空间区域引用 using System.Data.SqlClient 和 using MySql.Data.MySqlClient，用来连接数据库和进行有关数据库的操作。主要代码如下：

```csharp
using System;
using System.Data;
using System.Configuration;
using System.Web;
using System.Web.Security;
using System.Web.UI;
using System.Web.UI.WebControls;
using System.Web.UI.WebControls.WebParts;
using System.Web.UI.HtmlControls;
using System.Data.SqlClient;
using MySql.Data.MySqlClient;
/// < summary>
/// DBHelper 的摘要说明
/// < /summary>
public class DBHelper
{
    //数据库连接字符串
    private static readonly string connectionString = ConfigurationManag-
er.ConnectionStrings["SunPowerConnectionString"].ConnectionString;
        /// < summary>
        /// 准备参数的方法
        /// < /summary>
        /// < param name= "conn"> 连接对象< /param>
```

```
/// < param name= "cmd"> 命令对象 < /param>
/// < param name= "cmdType"> 命令类型 < /param>
/// < param name= "cmdText"> 命令文本 < /param>
/// < param name= "values"> 参数集合 < /param>
private static void PrepareParameter
    (
        MySqlConnection conn,
        MySqlCommand cmd,
        CommandType cmdType,
        string cmdText,
        params MySqlParameter[] values
    )
{
    cmd.Connection = conn;
    cmd.CommandType = cmdType;
    cmd.CommandText = cmdText;
    if (values ! = null && values.Length ! = 0)
    {
        cmd.Parameters.Clear();
        cmd.Parameters.AddRange(values);
    }
}


//以下为该类中的其他方法
    }
```

（1）DBHElper 类中的 CloseResource（ ）方法。CloseResource（ ）方法主要用来释放资源，如命令对象 cmd、连接对象 conn 和数据适配对象 sda，代码如下：

```
private static void CloseResource (MySqlCommand cmd, MySqlDataAdapter sda,
MySqlConnection conn)
    {
        if (cmd ! = null)
        {
            cmd.Dispose();
        }
        if (sda ! = null)
        {
            sda.Dispose();
        }
        if (conn ! = null && conn.State = = ConnectionState.Open)
        {
            conn.Close();
            conn.Dispose();
        }
    }
```

物联网工程技术综合实训教程

（2）DBHElper 类中的 ExecuteCommand（）方法。ExecuteCommand 方法用来执行 SQL 语句，主要用于对数据库中数据执行添加、修改、删除的操作，返回受影响的行数。try｛…｝catch｛…｝finally｛…｝语句是程序当中的异常处理机制，通过它可以很好地解决程序当中的异常问题。CloseResource（cmd，null，conn）用来调用 DB-HElper 类中的 CloseResource（）方法，用来释放 conn 对象。代码如下：

```
/// < summary>
/// 执行 INSERT、UPDATE、DELETE SQL 语句
/// < /summary>
/// < param name= "safeSql"> T-SQL 语句< /param>
/// < returns> 受影响的行数< /returns>
public static int ExecuteCommand(string safeSql)
    {
        using (MySqlConnection conn = new MySqlConnection(connectionString))
        {
            MySqlCommand cmd = new MySqlCommand();
            PrepareParameter(conn, cmd, CommandType.Text, safeSql, null);
            try
            {
                conn.Open();
                return cmd.ExecuteNonQuery();
            }
            catch (Exception)
            {

                CloseResource(cmd, null, conn);
                return -1;
            }
            finally
            {
                CloseResource(cmd, null, conn);
            }
        }

    }
```

（3）DBHElper 类中的 public static object GetScalarDouble（）方法。执行不带参数的 Select 查询，并返回查询所返回的结果集中第一行的第一列。忽略其他列或行，返回单列值，代码如下：

```
/// < summary>
/// 执行不带参数的 Select 查询,并返回查询所返回的结果集中第一行的第一列。忽略其
他列或行。
/// < /summary>
/// < param name= "safeSql"> T-SQL 语句< /param>
/// < returns> 返回单列值< /returns>
```

```csharp
public static object GetScalarDouble(string safeSql)
    {
        using (MySqlConnection conn = new MySqlConnection(connectionString))
        {
            MySqlCommand cmd = new MySqlCommand();
            PrepareParameter(conn, cmd, CommandType.Text, safeSql, null);

            try
            {
                conn.Open();
                return cmd.ExecuteScalar();
            }
            catch (Exception)
            {

                CloseResource(cmd, null, conn);
                return null;
            }
            finally
            {
                CloseResource(cmd, null, conn);
            }
        }
    }
```

（4）DBHElper 类中的 public static MySqlDataReader GetReader（）方法。MySqlDataReader GetReader（）方法用来返回 SqlDataReader 类型的数据，相应功能执行成功后返回 SqlDataReader 的对象 MySqlDataReader。代码如下：

```csharp
/// < summary>
/// 返回数据阅读器对象 MySqlDataReader
/// < /summary>
/// < param name= "safeSql"> T-SQL 语句< /param>
/// < returns> 返回数据阅读器对象< /returns>
public static MySqlDataReader GetReader(string safeSql)
    {
        MySqlConnection conn = new MySqlConnection(connectionString);
        MySqlCommand cmd = new MySqlCommand();
        PrepareParameter(conn, cmd, CommandType.Text, safeSql, null);
        try
        {
            conn.Open();
            return cmd.ExecuteReader(CommandBehavior.CloseConnection);
        }
        catch (Exception)
        {
```

```
        CloseResource(cmd, null, conn);
        return null;
    }


}
```

（5）DBHElper 类中的 public static DataTable GetDataSet（）方法。返回内存中的数据表 DataTable。代码如下：

```
/// < summary>
/// 返回内存中的数据表 DataTable
/// < /summary>
/// < param name= "safeSql"> T-SQL 语句< /param>
/// < returns> 返回内存中的数据表 DataTable< /returns>
public static DataTable GetDataSet(string safeSql)
    {
        DataSet ds = new DataSet();
        MySqlConnection conn = new MySqlConnection(connectionString);
        MySqlCommand cmd = new MySqlCommand();
        PrepareParameter(conn, cmd, CommandType.Text, safeSql, null);
        MySqlDataAdapter sda = new MySqlDataAdapter(cmd);
        try
        {
            sda.Fill(ds);
            return ds.Tables[0];
        }
        catch (Exception)
        {
            CloseResource(cmd, sda, conn);
            return null;
        }
        finally
        {
            CloseResource(cmd, sda, conn);
        }
    }
```

任务五　系统主要功能模块的实现

基于物联网的太阳能光伏组件监控系统管理门户软件前台主要功能有：登录界面的实现，电站整体情况的实习，电站报警信息的实现，电站历史图表的实现，后台主要功能有系统设置界面的实现和用户管理界面的实现。

（1）系统登录界面如图 4-5-1 所示。管理人员通过输入正确的用户名和密码才可登录到该系统。该页面用到的主要控件如表 4-5-1 所示。

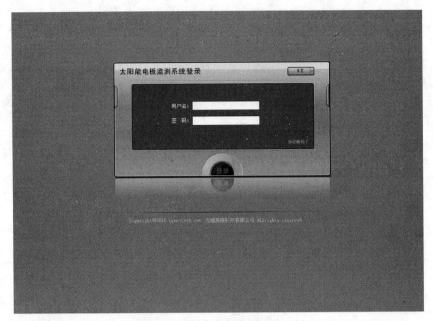

图 4-5-1 系统登录界面

表 4-5-1 系统登录界面主要控件列表

控件类型	控件名称	数量	用途
HTML	Table	3	布局页面
标准	Label	3	注明用户名、密码和系统名称
标准	TextBox	2	输入用户名和密码
标准	CheckBox	1	可选的保存登录状态
标准	LinkButton	1	实现页面跳转
标准	DropDownList	1	选择条件
标准	UpdatePanel	1	布局更新网页上的内容
标准	ScriptManager	1	实现页面局部更新

　　用户输入用户名和密码，单击"登录"按钮，如果输入的用户名和密码错误，系统将给予提示信息，主要代码如下：

```
protected void lkbtnLogin_Click(object sender, EventArgs e)
    {string userName = this.txtUserName.Text.Trim();
     string loginPwd = this.txtPwd.Text.Trim().ToLower();
     if (userName != "" && loginPwd != "")
     {try
        {UserInfo user = UserService.GetUserByUserName(userName);
         if (user != null)
         {
             if (user.LoginPwd.Equals(loginPwd))
             {Session["User"] = user;
```

物联网工程技术综合实训教程

```
bool result= UserLogService.InsertUserLoginLog(user);//插入登录日志
        UserService.ModefyLoginCount(user);//修改登录次数
            # region
            if (cbCheck.Checked = = true)
            {...}
            else
            {

                if (Request.Cookies["userLogin"] ! = null)
                {...}
            }
    String AuthorityID = user.Authority.Id.ToString();
        Session["authority"] = AuthorityID;
        Response.Redirect("~/Pages/Default.aspx");
            # endregion
        }
        else
        {
    ScriptManager.RegisterStartupScript(this, typeof(string), "", "alert('密码码输
入错误! ')", true);
        this.txtPwd.Focus();
            }
        }
        else
    {
    ScriptManager.RegisterStartupScript(this, typeof(string), "", "alert('用户
名不存在! ')", true);
            this.txtUserName.Focus();
        }
    }
    catch
    {ScriptManager.RegisterStartupScript(this, typeof(string), "", "alert('登
录失败! 可能数据库未连接上...')", true);
    }
    }
    else {
        ScriptManager.RegisterStartupScript(this, typeof(string), "", "alert('用户
名或密码不能为空! ')", true);
        }
    }
```

（2）用户单击"整体状况"按钮，页面跳转到 EntiretyState.aspx 页面，电站整体
情况页面实现的功能主要有：显示整体状况、显示电量查询和功率查询结果、显示电站
信息、显示天气信息、显示环境节省及退出系统功能，如图 4-5-2 所示。

该页面用到的主要控件如表 4-5-2 所示。

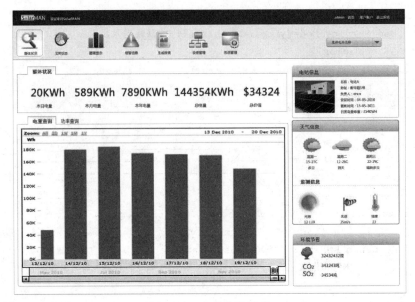

图 4-5-2　电站整体情况

表 4-5-2　电站整体情况主要控件表

控件类型	控件名称	数量	用途
HTML	Table	7	布局页面
标准控件	ImageButton	3	提示信息
标准控件	Label	若干	提示信息

电量主要代码如下：

```
/// < summary>
/// 由逆变器获取各种电量
/// < /summary>
protected void QInvStatistic()
{
    //今日电量
    string Daystrsql = string.Format("select sum(EToday* 1) as EToday from in-
vetoday where PowserStationId= {0} and Date_Time like '{1}% ' GROUP BY PowserSta-
tionId", Session["PowerStationId"], sj);

    double dstr = 0d;
    using (DataTable dtb = DBHelper.GetDataSet(Daystrsql))
    {
        if (dtb ! = null)
        {
            foreach (DataRow row in dtb.Rows)
            {
                dstr + = Convert.ToDouble(row["EToday"]);
            }
        }
    }
```

```csharp
            lblDEQ.Text = dstr.ToString("0.00");

            //本月电量
            string Moustrsql = string.Format("select sum(EToday* 1) as EToday from in-
vetoday where PowserStationId= {0} and Date_Time like '{1}% ' GROUP BY PowserSta-
tionId", Session["PowerStationId"], DateTime.Now.ToString("yyyy-MM"));

            double mstr = 0d;
            using (DataTable mtb = DBHelper.GetDataSet(Moustrsql))
            {
                if (mtb != null)
                {
                    foreach (DataRow row in mtb.Rows)
                    {
                        mstr += Convert.ToDouble(row["EToday"]);
                    }
                }
            }
            lblMEQ.Text = mstr.ToString("0.00");

            //本年电量
            string Yearstrsql = string.Format("select sum(EToday* 1) as EToday from in-
vetoday where PowserStationId= {0} and Date_Time like '{1}% ' GROUP BY PowserSta-
tionId", Session["PowerStationId"], DateTime.Now.Year.ToString());
            double ystr = 0d;
            using (DataTable table = DBHelper.GetDataSet(Yearstrsql))
            {
                if (table != null)
                {
                    foreach (DataRow row in table.Rows)
                    {
                        ystr += Convert.ToDouble(row["EToday"]);
                    }
                }
            }

            lblYEQ.Text = ystr.ToString("0.00");

            //总电量
            string Sumstrsql = string.Format("select max(ETotal * 1) as ETotal from invetoday
where PowserStationId= {0} GROUP BY PowserStationId", Session["PowerStationId"]);
            double sstr = 0d;
            using (DataTable stb = DBHelper.GetDataSet(Sumstrsql))
            {
                if (stb != null)
                {
                    foreach (DataRow row in stb.Rows)
                    {
```

```
                sstr + = Convert.ToDouble(row["ETotal"]);
            }
        }
    }
    string pwq = ConfigurationManager.AppSettings["PwQ"];
    double oldPwQ = 0d;
    if (! string.IsNullOrEmpty(pwq))
    {
        oldPwQ = Convert.ToDouble(pwq);//电站历史能量
    }
    lblSEQ.Text = (sstr + oldPwQ).ToString("0.0");

}
```

（3）用户单击"报警信息"按钮，页面跳转到 AlarmMessages.aspx 页面，电站报警信息页面实现的功能，主要是根据用户选择报警类别和报警时间显示相关电板出错的系列信息，如图 4-5-3 所示。

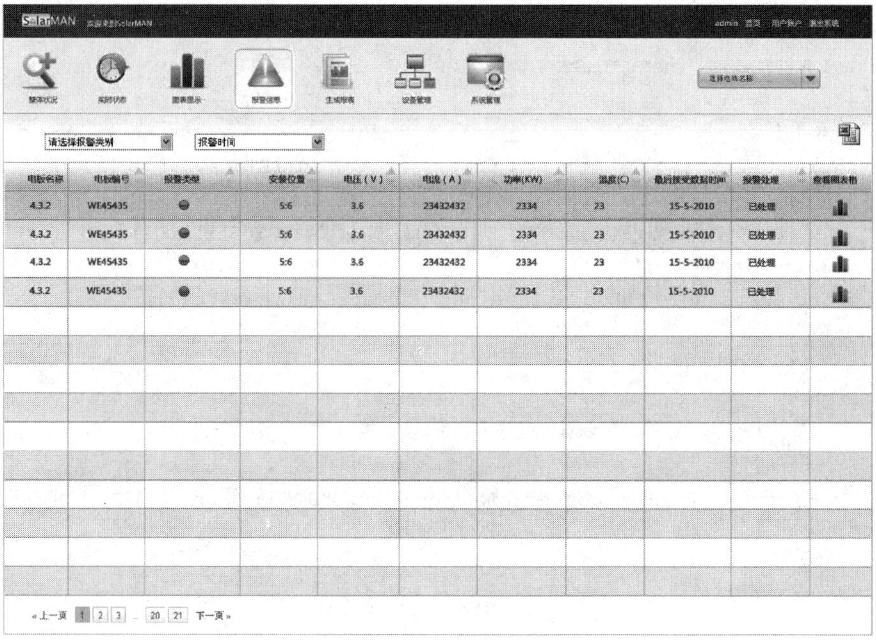

图 4-5-3　电站报警信息

该页面用到的主要控件如表 4-5-3 所示。

表 4-5-3　电站报警信息主要控件表

控件类型	控件名称	数量	用途
HTML	Table	7	布局页面
标准控件	ImageButton	3	提示信息
标准控件	DropDownList	4	选择条件
标准控件	GridView	1	显示数据

用户选择了报警类型和报警时间后，系统会根据用户的要求到数据库中检索满足要求的数据，然后通过绑定 GridView 控件显示数据，数据源绑定主要代码如下：

```
/// < summary>
/// 数据源
/// < /summary>
private void GetDataSource ( string alarmTypeId, string alarmTime, string
alarmCD, string alarmState, string powserStation)
{
    if (alarmTypeId = = "0" && alarmTime = = "0" && alarmCD = = "0" &&
alarmState = = "0")
    {
        this.gvAlarmMessage.DataSource = AlarmMessageService.GetAllAlarmMes-
sages(powserStation);
    }
    else
    {
        string timeStart;
        string timeEnd;
        GetStartOrEndTime(out timeStart, out timeEnd, alarmTime);

        this.gvAlarmMessage.DataSource = AlarmMessageService.GetAllAlarms
(Convert.ToInt32(alarmTypeId), timeStart, timeEnd, alarmCD, alarmState, powserSta-
tion);
    }
    this.gvAlarmMessage.DataBind();
    string authority = "";
    if (Session["authority"] ! = null)
        authority = Session["authority"].ToString();
    if (authority = = "2")//判断是否是管理员 已处理是否显示
    {

        this.gvAlarmMessage.Columns[11].Visible = false;

    }

}
```

（4）用户单击"图表显示"按钮，页面跳转到 ChartShows.aspx 页面，电站历史图表页面实现的功能主要是：显示各个时间段各块电板达到的功率值、电压值、电流值和温度，如图 4-5-4 所示。

该页面用到的主要控件如表 4-5-4 所示。

表 4-5-4　电站历史图表主要控件表

控件类型	控件名称	数量	用途
HTML	Table	7	布局页面
标准控件	UpdatePanel	1	局部更新网页上的内容
标准控件	Panel	2	提供分组

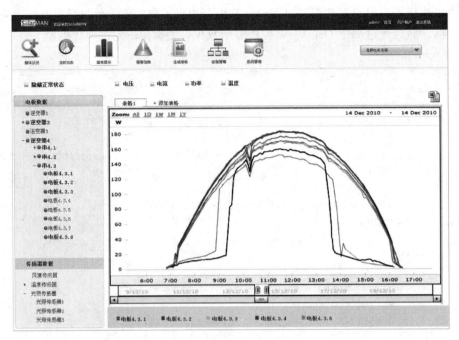

图 4-5-4　电站历史图表

（5）系统管理门户软件后台主要功能有：系统管理功能界面的实现和用户管理界面的实现。系统管理界面如图 4-5-5 所示。

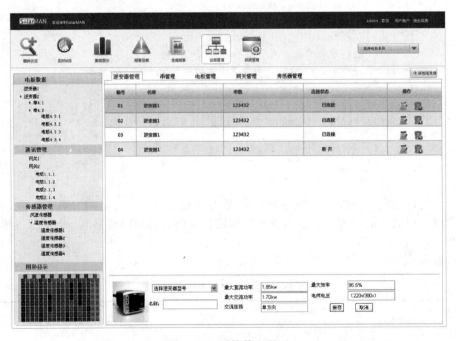

图 4-5-5　系统管理界面

该页面用到的主要控件如表 4-5-5 所示。

表 4-5-5　系统管理界面主要控件表

控件类型	控件名称	数量	用途
HTML	Table	12	布局页面
标准控件	ImageButton	3	提示信息
HTML 标记	iframe	1	浮动框架

用户单击"系统管理"按钮，页面跳转到 SysManager.aspx 页面，通过 Iframe 框架，局部页面跳转到子目录 ChildPages 下面的 AlarmSetUp.aspx 页面，AlarmSet-Up.aspx 页面主要功能：通过 GirdView 控件绑定数据源显示报警设置信息、用户管理信息、报表设置信息及系统帮助信息。该页面用到的主要控件如表 4-5-6 所示。

表 4-5-6　AlarmSetUp.aspx 页面主要控件表

控件类型	控件名称	数量	用途
标准控件	GridView	2	显示数据

（6）用户单击"用户管理"按钮，页面跳转到 SysManager.aspx 页面，用户管理界面主要功能是：对显示用户登录信息并且对用户信息进行增删改操作，包括增加新的用户、删除用户、修改用户信息，比如输入密码及权限等，如图 4-5-6 所示。

图 4-5-6　用户管理界面

用户管理界面主要通过 Gridview 控件显示用户信息，主要代码如下：

```
/// < summary>
/// 修改用户信息
/// < /summary>
```

```
/// < param name= "sender"> < /param>
/// < param name= "e"> < /param>
protected void gvUserList_RowUpdating(object sender, GridViewUpdateEventArgs e)
{
    DropDownList ddl = (DropDownList) gvUserList.Rows[e.RowIndex].Cells[1]
.FindControl("ddlAuthortyName");
    if (ddl ! = null)
    {
        if (ddl.Text ! = null)
        {
            Authority authority = AuthorityService.GetAuthorityById
(Convert.ToInt32(ddl.Text));
            e.NewValues["Authority"] = authority;
        }
    }

}

/// < summary>
/// 删除用户信息
/// < /summary>
/// < param name= "sender"> < /param>
/// < param name= "e"> < /param>
protected void gvUserList_RowDeleting(object sender, GridViewDeleteEventArgs e)
{
    HiddenField hfId = (HiddenField) gvUserList.Rows[e.RowIndex].Cells[1]
.FindControl("userId");
    if (hfId ! = null)
    {
        bool result = UserService.DeleteUserById(Convert.ToInt32(hfId.Value));
        if (result)
        {
            ScriptManager.RegisterStartupScript(this, typeof(string), "", "
alert('删除成功！')", true);
        }
        else
        {
            ScriptManager.RegisterStartupScript(this, typeof(string), "", "
alert('删除失败！')", true);
        }
    }
}
```

任务六　系统测试

系统的测试是项目生命周期中最重要的一个阶段，通过测试可以发现系统开发的要求是否满足软件需求说明书的要求,是否可以满足客户达到的要求,是否满足系统的使用要求等。

(一) 软件测试的目的和原则

软件测试是为了发现更多的错误,能够在发现错误之后,对错误进行改正,同时,不断地调试和改正,直到发现更多的问题,从而在交付软件项目之前,完成预期的系统功能。大量的测试案例证明,在交付前软件通过测试发现的错误大概占据 80%,测试不当会对后面的系统维护和升级带来不好的影响。测试的原则如下:

① 做好前期准备工作,指定严格的测试计划;

② 遇到测试工作中的困难,应该把握决心,并坚持不断地进行;

③ 在测试工作中,采用测试小组分类的办法,进行多方位的测试;

④ 必须要制定合理和不合理的测试用例;

⑤ 及时保存每一次的测试结果,为日后的维护提供方便。

(二) 系统测试的内容

1. 客户端测试

客户端测试以界面测试为主,主要测试的内容分为两种:一种是登录界面的测试,它的测试主要功能是完成用户的登录名和密码的测试,另一种是系统功能界面的测试,在测试过程中,需要准备多组数据来进行测试,特别是针对错误的例子要多准备几组数据,特别是异常的数据,通过这些异常的测试数据,可以更好地检测出客户端,特别是当遇到异常数据的时候能够更好地进行处理。

图 4-6-1 权限设置界面

2. 服务器端测试

服务器端测试主要检测来自客户端发出的请求能否在最短的时间内进行正确的处理,测试者会在数据库端进行一些设置,当一些特殊的数据通过服务器测试的时候,服务器就会对这些指令做出反应,测试服务器对于这些指令是否能够进行正常交互。

3. 权限设置测试

权限设置测试是为了保证不同的人员具有不同的使用权限,在本系统的权限管理中,系统默认管理员是系统的超级管理员,拥有最高的权限。如图 4-6-1 所示,测试数据如表 4-6-1 所示。

表 4-6-1 测试数据

测试用户名	测试密码	结果
admin	111	错误
admin	2222	错误
admin	123	正确

任务七　系统发布及部署

基于物联网的太阳能光伏组件监控系统调试完毕，已经符合网站设计的功能需求后，就需要将其发布到 Internet 上，供用户浏览访问。如何对网站进行发布和部署呢？下面将详细介绍关于网站的发布与部署的知识。

（一）网站发布

使用 VS2010 发布网站时，可以分别通过使用"复制网站"工具和"发布网站"工具来实现网站的发布功能。"复制网站"是指部署的网站的代码是没有经过编译的源代码，该工具可以直接将当前站点文件复制到目标服务器上；"发布网站"是指部署的网站的代码是经过编译的代码，该工具先对站点进行编译，然后，将编译后的文件复制到目标服务器。两种形式各有其自身的优点。

1. "复制网站"工具

使用"复制网站"工具可以在当前网站和另一站点之间复制文件，与 FTP 工具类似，但该工具支持同步功能，同步检查源站点和远程站点上的文件，并确保所有文件都是最新的。

打开"复制网站"工具的方法很简单，只需单击"网站"菜单，在弹出的下拉列表框中选择"复制网站"选项即可。如图 4-7-1 所示。

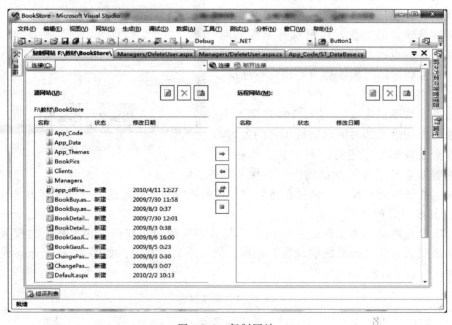

图 4-7-1　复制网站

复制网站工具主要包括两个窗口，左边窗口用于列举源站点文件，右边窗口用于列举远程站点文件，窗口之间的功能按钮实现文件复制、同步等。

在使用过程中首先使用图中"连接"按钮，弹出如图 4-7-2 所示的对话框，设置将

图 4-7-2 "打开网站"对话框

站点复制到的位置，然后进行相关操作。

"复制网站"有如下特点。

（1）部署简单，将网站文件复制到服务器之前不需要编译这些文件，只需要将源文件复制到目标服务器即可，网页是在被请求时动态编译的。

（2）支持多种连接方式，在部署过程中。可以使用 Visual Studio 2008 所支持的多种连接协议连接到远程站点，从而完成部署工作。例如，使用 UNC 复制到网络上另一台计算机的共享文件夹中；使用 FTP 复制到服务器中或用 HTTP 协议复制到支持 FrontPage 服务器扩展的服务器中。

（3）"复制网站"工具的功能不限于复制项目到目标服务器，它也支持同步功能，该功能同时检查两个网站中的文件，并自动确保两个网站都有最新版本的文件。

（4）易于更改，如需要可以直接在服务器上更改或修复网页中错误。

（5）可能存在错误，由于站点是按照原样复制的，因此，如果文件包含编译错误，则直到运行引发该错误的网页时才会发现错误。

2. "发布网站"工具

发布站点工具首先对站点进行编译，然后，将编译结果输出到目标位置，下面将介绍 VS2010 发布网站。

启动 VS2010，打开物联网的太阳能光伏组件监控系统，单击"生成"菜单下的"发布网站"选项，弹出如图 4-7-3 所示的对话框。

发布网站的目标位置设置为"E：\ solarman"（根据实际情况确定），分别选中

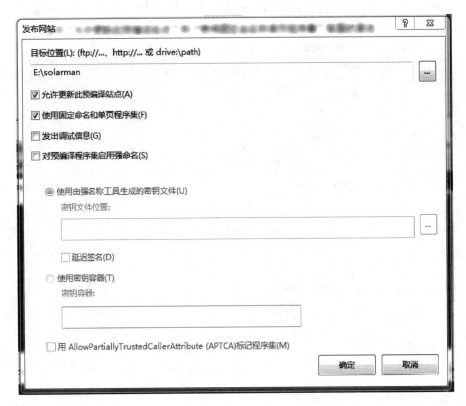

图 4-7-3　发布网站

"允许更新此预编译站点"和"使用固定命名和单页程序集"前面的复选框，然后单击右下角的"确定"按钮。

注意：（1）选中"允许更新此预编译站点"选项，可以在编译站点中的 ASP. NET 网页之后对它们进行有限的更改，例如，可以更改控件的排列、页的颜色、字体和其他外观元素，还可以添加不需要事件处理程序或其他代码的控件。

（2）选中"使用固定命名和单页程序集"选项。选中此选项对于后期网站单个页面的更新比较方便，只需向服务器站点上传发布后的修改某个 .aspx 页面和网站根目录 bin 文件夹下的对应该页面的 .dll 文件即可，不需要把整个发布后的网站重新上传覆盖。

当 IDE 左下角显示"发布成功"的提示时，如图 4-7-4 所示，表示网站发布成功完成。

网站发布成功后，打开发布的目标文件夹"solarman"，可以看到发布后的网站目录结构如图 4-7-5 所示。

网站发布完成后，接下来的工作就是进行网站的部署，部署完成后，客户端用户才能访问该站点。

发布站点工具有如下的特点。

（1）预编译过程能发现任何编译错误，包括 Web.config 和其他文件中的潜在错误。

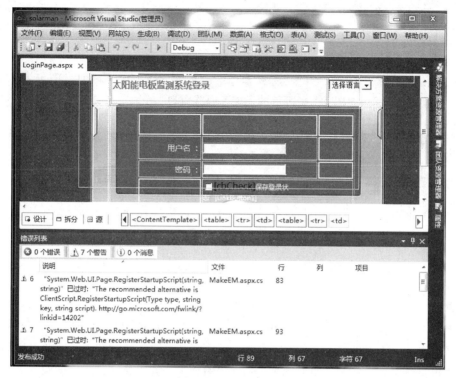

图 4-7-4 发布成功

名称	修改日期	类型	大小
.svn	2015/3/24 14:13	文件夹	
App_Data	2015/3/24 14:13	文件夹	
aspnet_client	2015/3/24 14:13	文件夹	
bin	2015/3/24 14:13	文件夹	
css	2015/3/24 14:13	文件夹	
images	2015/3/24 14:13	文件夹	
js	2015/3/24 14:13	文件夹	
Pages	2015/3/24 14:13	文件夹	
LoginPage.aspx	2015/3/24 14:13	ASP.NET Server ...	11 KB
PrecompiledApp.config	2015/3/24 14:13	XML Configurati...	1 KB
solarman.suo	2011/12/6 9:04	Visual Studio Sol...	97 KB
Web.config	2015/3/23 12:36	XML Configurati...	4 KB

图 4-7-5 发布后的网站目录结构

（2）可选择不可更新预编译和可更新的预编译选项，这样不会随站点部署任何程序代码，从而为源文件提供一项安全措施。

（3）由于站点中的网页已经编译过，因此，在最初请求时无需对其进行动态编译，可以减少网页的初始响应时间。

（二）网站部署

网站发布完成后，还不能直接让客户机访问，还需要把发布后的网站部署到 Web 服务器上（以 Windows Server 2003 系统中 IIS 为例），方法如下。

（1）依次单击"开始"-> "所有程序"->"管理工具"->"Internet 信息服务 (IIS) 管理器"，打开如图 4-7-6 所示的 IIS 管理器窗口。

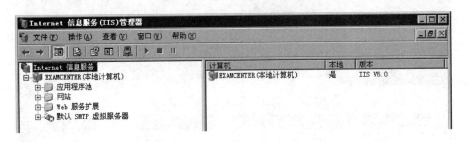

图 4-7-6　IIS 管理器

可以通过 IIS 在一台服务器上同时创建多个站点，这多个站点只要 IP、主机头、端口三者有一项不同即可相互区分，可以把已发布好的网站部署到任何一个站点上；当然，还可以通过 IIS 在同一站点下创建多个虚拟目录，把已发布好的网站部署到其中的一个虚拟目录上。使用虚拟目录部署网站时，有时要考虑上传文件对应的服务器上的物理路径与程序中逻辑转换的物理路径是否对应。

（2）右击左侧的"网站"节点，在弹出的下拉列表框中选择"新建"网站，如图 4-7-7 所示。

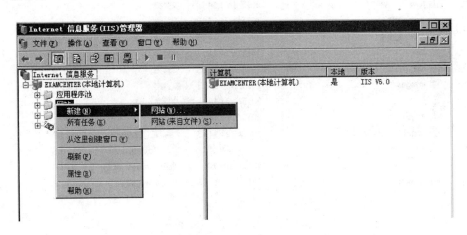

图 4-7-7　新建网站

（3）单击"网站"弹出如图 4-7-8 所示的新建网站的向导对话框。

（4）单击网站创建向导右下角的"下一步"按钮，弹出如图 4-7-9 所示的网站创建向导中关于"网站描述"的对话框，在描述的文本框中填写新建站点的名称，这里给站点命名为"solarman"。

图 4-7-8　网站创建向导

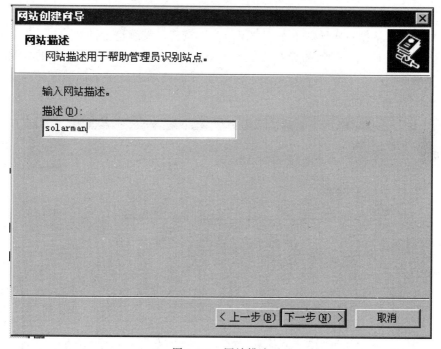

图 4-7-9　网站描述

（5）单击网站创建向导右下角的"下一步"按钮，继续进行网站创建工作，弹出如图 4-7-10 所示的 IP 地址和端口设置的对话框。设置网站的 IP 地址为本机的 IP 地址，并根据情况确定网站的 TCP 端口号（默认为 80），这里的主机头值空着不填（当通过域名来访问本网站时需要设置主机头值为对应的域名，此外如果通过域名访问站点，还

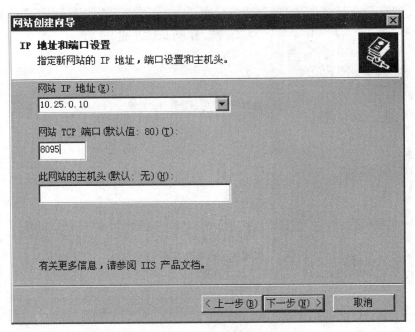

图 4-7-10　IP 地址和端口设置

需要 DNS 服务器的支持）。

　　(6) 单击网站创建向导右下角的"下一步"按钮，继续进行网站创建工作，弹出如图 4-7-11 所示的网站主目录的设置对话框，单击图 4-7-11 按钮选择网站的主目录对应路径，弹出如图 4-7-12 所示的对话框，这里选择的网站主目录是部署开始时上传到 E 盘的"solarman"文件夹。

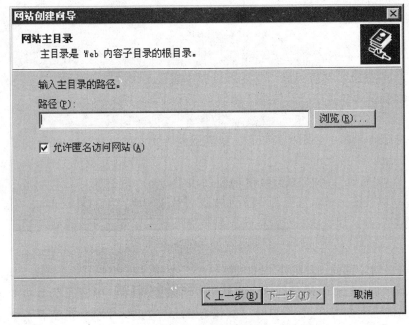

图 4-7-11　网站主目录

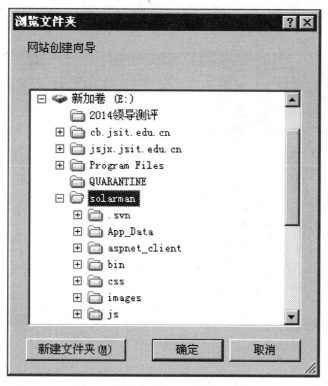

图 4-7-12　选择主目录对应的文件夹

（7）单击网站创建向导右下角的"下一步"按钮，继续进行网站创建工作，弹出如图 4-7-13 所示的对话框，选择网站访问权限。

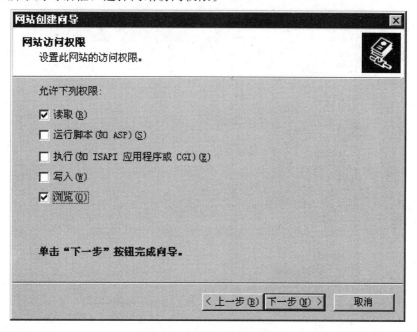

图 4-7-13　网站访问权限

（8）单击网站创建向导右下角的"下一步"按钮，弹出如图 4-7-14 所示的对话框，完成网站的创建工作。

图 4-7-14　网站创建完成

（9）网站创建完成后，还需要对刚创建的网站的某些属性进行设置，首先在 IIS 的左侧网站目录树下找到刚创建的名为"solarman"的站点，右击该站点，在弹出的菜单中选择"属性"子菜单，如图 4-7-15 所示；弹出属性窗口，如图 4-7-16 所示。

图 4-7-15　右击网站节点

物联网工程技术综合实训教程

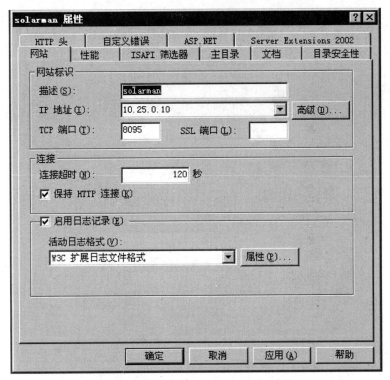

图 4-7-16　solarman 站点属性

（10）单击属性面板中的"主目录"选项卡后，如图 4-7-17 所示，进行网站主目录的一些设置："本地路径"在网站创建过程中已经设置完成，设置"执行权限"为"纯脚本"，"应用程序池"设置为"DefaultAppPool"，也可新建应用程序池后使用自定义的应用程序池，此处不详述。

（11）单击属性面板中的"文档"选项卡后，如图 4-7-18 所示，在此界面下设置网站首页地址，因为网站的首页为"LoginPage.aspx"，所以这里可以不需要设置。假设首页名称为"LoginPage.aspx"，那么就需要单击此页面上的"添加"按钮，把"LoginPage.aspx"添加上。

（12）单击属性面板中的"ASP.NET"选项卡后，如图 4-7-19 所示，进行"ASP.NET"选项卡的设置，这里 ASP.NET 版本选择"2.0.50727"。

（13）"solarman"网站属性面板中的其他几个选项卡可以不用设置，至此，该网站部署工作基本完成。打开 IE 浏览器，在地址栏中输入"http：//10.25.0.10：8095"（根据实际情况修改），进行本网站的浏览测试，如图 4-7-20 所示。

（三）检查与评价

在网站发布时，首先要根据自己网站和 Web 服务器来综合考虑，到底选择"复制网站"工具，还是"发布网站"工具来发布网站。如果在开发站点过程中需要频繁地更改网页，使用"复制网站"工具更合适一些，但由于站点是按照原样复制的，因此如果文件包含编译错误，则只有运行引发此错误的网页时才会发现错误。如果为了加快网页的响应速度，或者为了保护逻辑文件的安全，选择"发布网站"工具更合适一些。

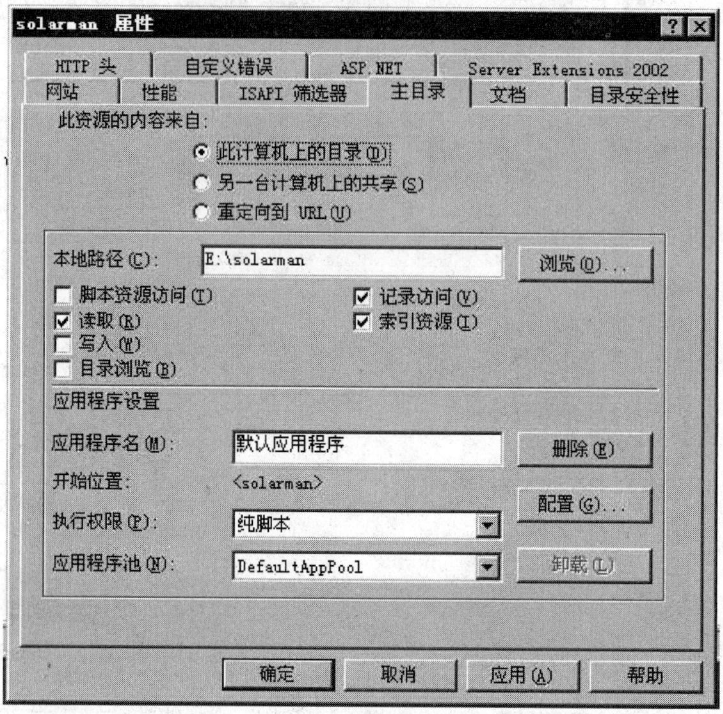

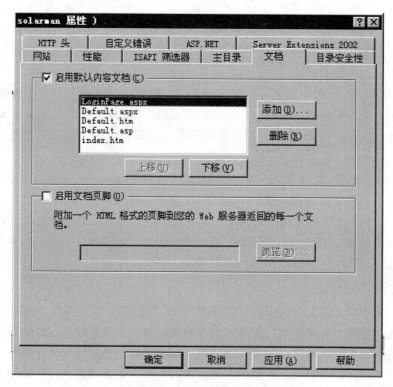

图 4-7-17　主目录选项卡设置

图 4-7-18　文档选项卡设置

物联网工程技术综合实训教程

图 4-7-19　ASP. NET 选项卡设置

图 4-7-20　访问网站

　　在网站部署后进行检查时，首先通过浏览器进行站点的访问测试，看各页面是否能正常访问，若出现问题，看到底是程序逻辑问题，还是 IIS 部署的原因。若是 IIS 部署的问题，在 Web 服务器的 IIS 中查看网站部署时，网站属性的各选项是否设置正确，包括站点路径、访问权限、首页地址及 ASP. NET 版本等方面。

此外，还要检查站点使用的是哪种数据库管理系统，可以根据不同数据库类型，在 Web 服务器上进行数据库的附加工作。另外一方面，还要根据站点文件夹所在的磁盘分区的格式，设置相应的访问权限。

Web 站点的发布与部署，是每个 Web 开发人员必须熟练掌握的技术环节，在系统移植和实施的时候都会经常用到，希望读者能够熟练操作。

【归纳总结】

本学习情境通过学习系统流程图设计、系统功能结构图设计、用例图设计、数据库设计及系统测试及部署等，大家掌握了系统应用层是如何设计的。

【练习与实训】

一、习题

1. 如何利用 Microsoft Visio 2010 建立系统整体用例图？
2. 怎样建立更多的测试对系统进行测试？
3. 如何利用 Visual Studio 2010 制作系统的安装程序？

二、实训

根据智能家居系统的设计需求，完成智能家居上位机系统的需求分析、概要设计及详细设计；使用面向对象的可视化编程语言完成各个功能模块的编码实施，并完成系统测试及发布。

参 考 文 献

[1] 张涵 . 基于物联网的智能家居系统 . 北京：北京邮电大学出版社，2010.
[2] 刘静 . 物联网技术概论 . 北京：化学工业出版社，2014.
[3] 姚美菱 . 无线接入技术 . 北京：化学工业出版社，2014.
[4] 杨亦红 . 嵌入式应用技术与实践 . 北京：化学工业出版社，2014.